U0306951

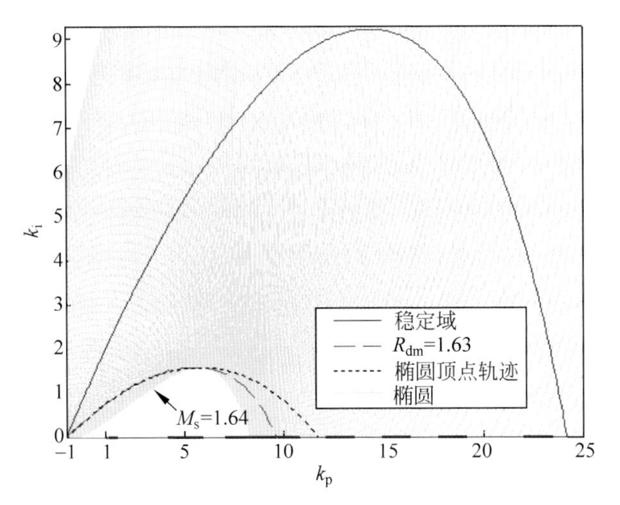

图 2.3　基于 k_p-k_i 空间的参数稳定域

Reprinted from Sun L, Li D, Lee K Y, Optimal disturbance rejection for PI controller with constraints on relative delay margin, ISA Transactions, 2016, 63: 103-111, Copyright (2016), with permission from Elsevier.

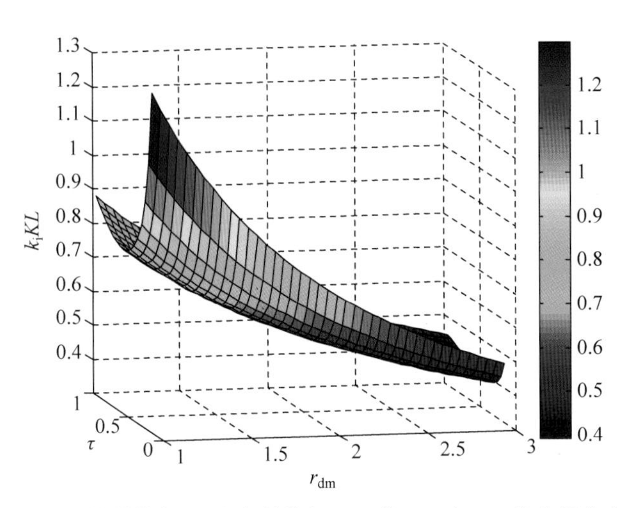

图 2.4　抗扰指标 k_i 和鲁棒指标 M_S 关于 τ 和 r_{dm} 的空间分布

Reprinted from Sun L, Li D, Lee K Y, Optimal disturbance rejection for PI controller with constraints on relative delay margin, ISA Transactions, 2016, 63: 103-111, Copyright (2016), with permission from Elsevier.

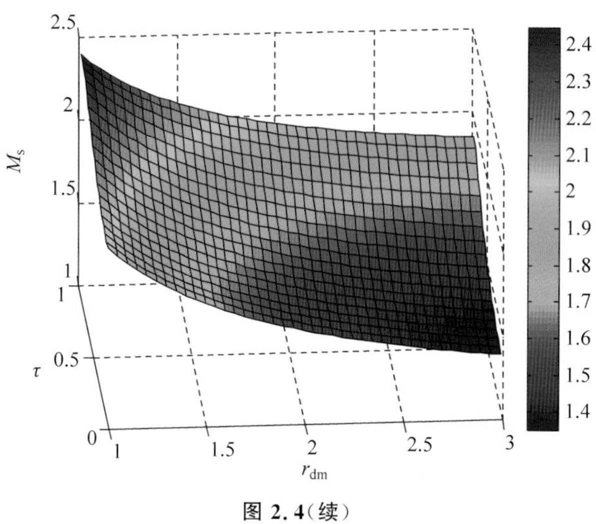

图 2.4(续)

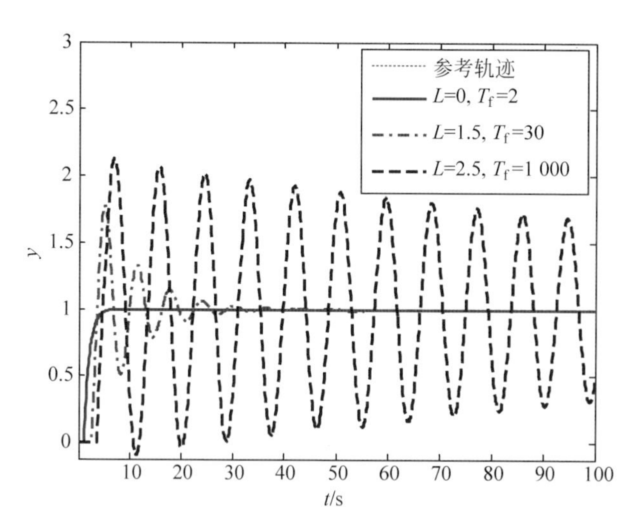

图 2.13 原始 UDE 控制时滞过程

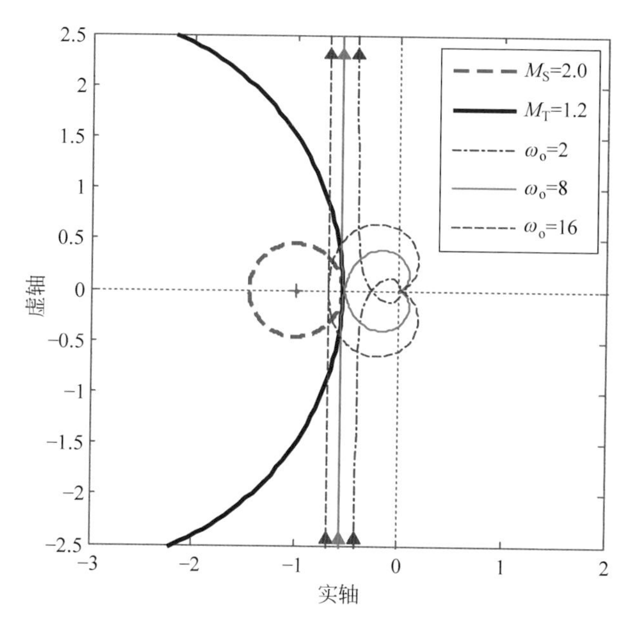

图 2.24　基于鲁棒回路成型的参数整定

Reprinted from Sun L, Li D, Gao Z, et al, Combined feedforward and model-assisted active disturbance rejection control for non-minimum phase system, ISA Transactions, 2016, 64: 24-33, Copyright (2016), with permission from Elsevier.

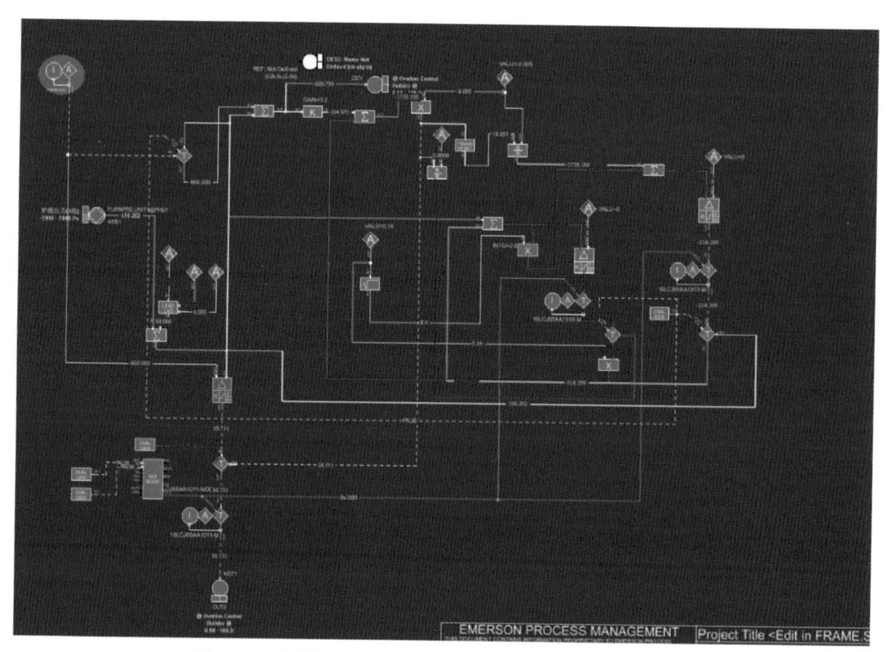

图 3.4　基于 Ovation DCS 的 ADRC 工程组态方案

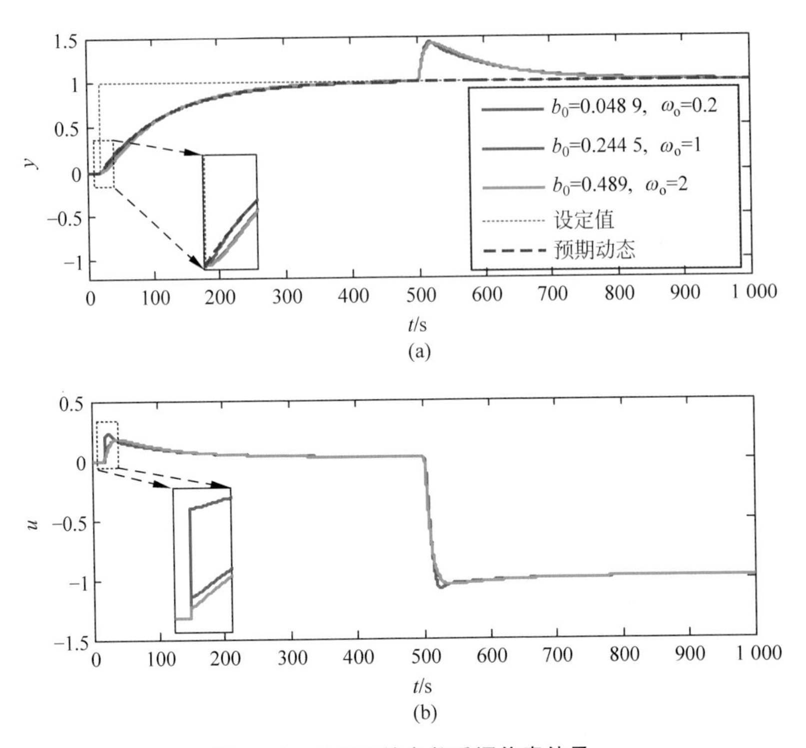

图 3.10　ADRC 的参数重调仿真结果

$k_p = 0.01$

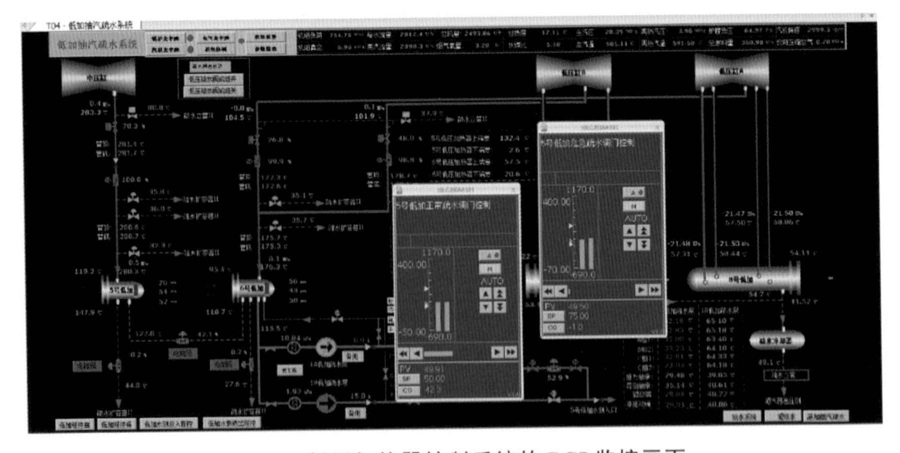

图 4.3　低压加热器控制系统的 DCS 监控画面

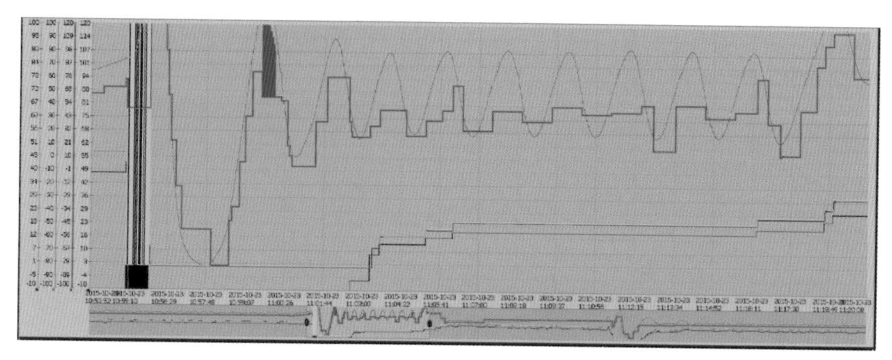

图 4.10　ADRC 调试过程的一次事故

粉红线为水位测量值

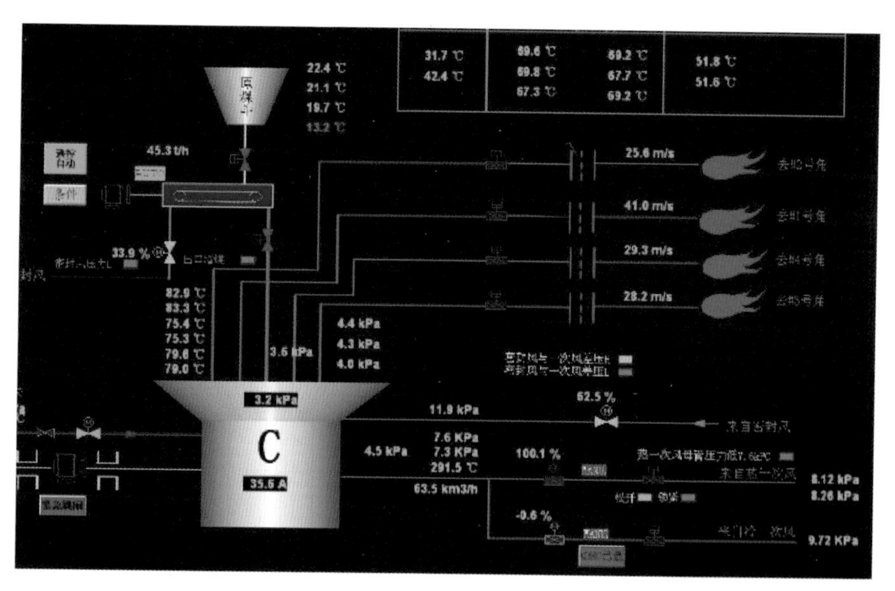

图 4.11　某亚临界机组磨煤机的 DCS 监控画面

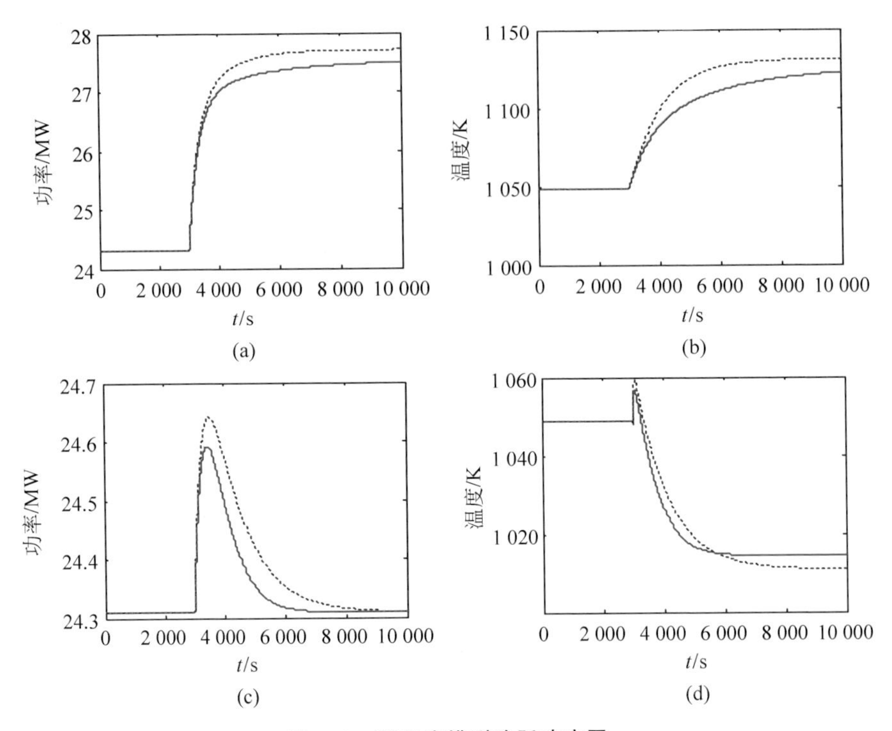

图 5.2 流化床模型阶跃响应图

红实线为非线性模型,蓝虚线为线性模型

(a)和(b):对 $Q_C(u_1)$进行 0.4 kg/s 的阶跃;(c)和(d):对 $F_1(u_2)$进行 0.4 N·m^3/s 的阶跃

Reprinted from Sun L, Li D, Lee K Y, Enhanced decentralized PI control for fluidized bed combustor via advanced disturbance observer, Control Engineering Practice, 2015, 42: 128-139, Copyright (2016), with permission from Elsevier.

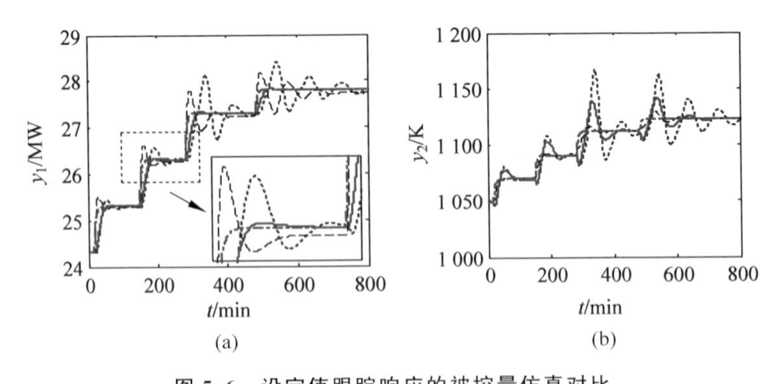

图 5.6 设定值跟踪响应的被控量仿真对比

绿点画线:设定值;红实线:DOB-PI;蓝点线:PI;黑虚线:MPC

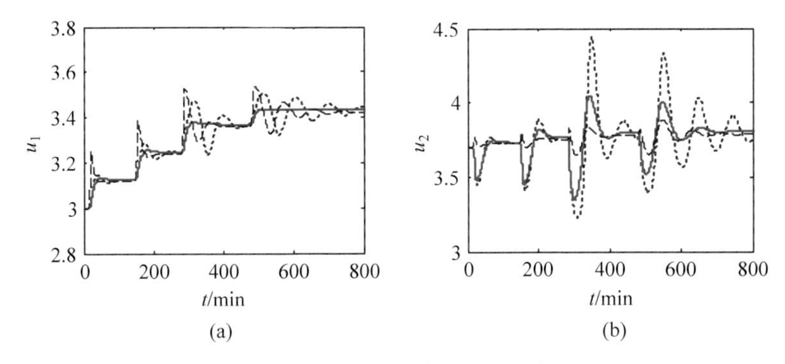

图 5.7 跟踪响应的控制量仿真

红实线：DOB-PI；蓝点线：PI；黑虚线：MPC

Reprinted from Sun L, Li D, Lee K Y, Enhanced decentralized PI control for fluidized bed combustor via advanced disturbance observer, Control Engineering Practice, 2015, 42: 128-139, Copyright (2016), with permission from Elsevier.

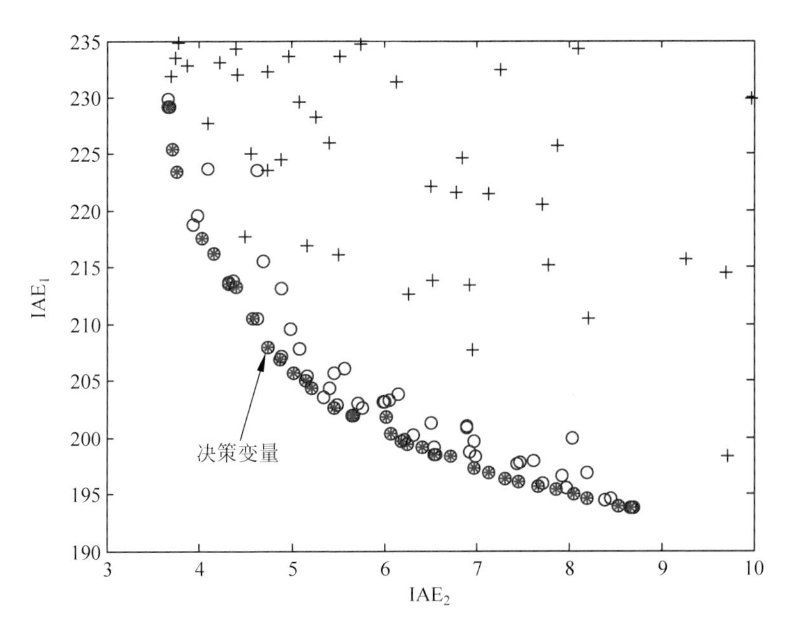

图 5.12 动态参数多目标优化结果

图中红色星号为非劣解集

Reprinted from Sun L, Li D, Lee K Y, et al, Control-oriented modeling and analysis of direct energy balance in coal-fired boiler-turbine unit, Control Engineering Practice, 2016, 55: 38-55, Copyright (2016), with permission from Elsevier.

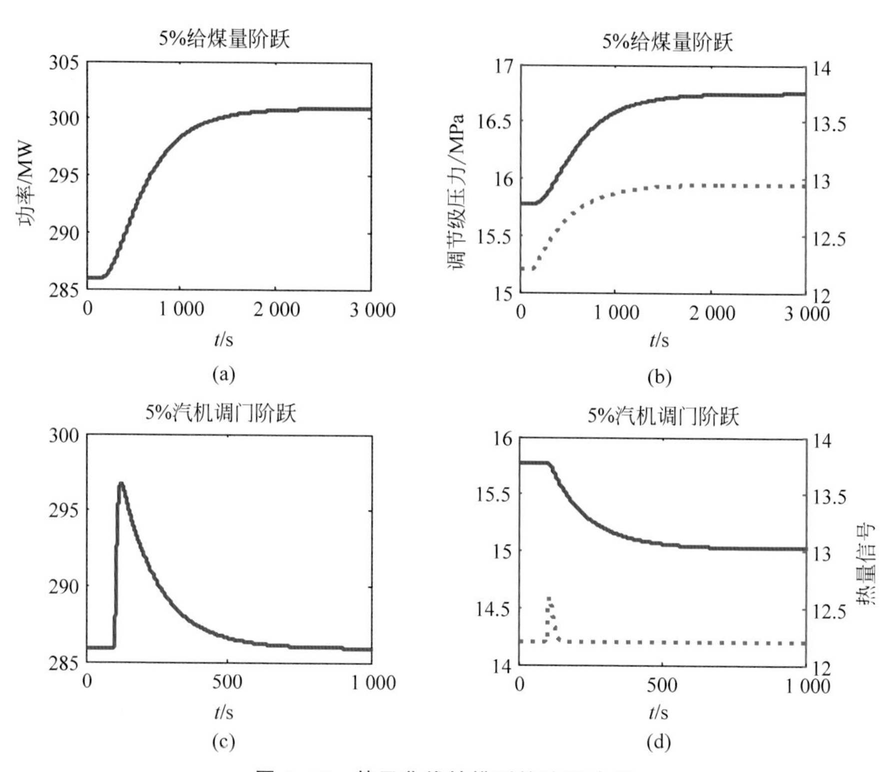

图 5.15　基于非线性模型的阶跃响应

实线为调节级压力，虚线为热量信号

(a)和(b)：5%给煤量阶跃；(c)和(d)：5%汽轮机调门阶跃

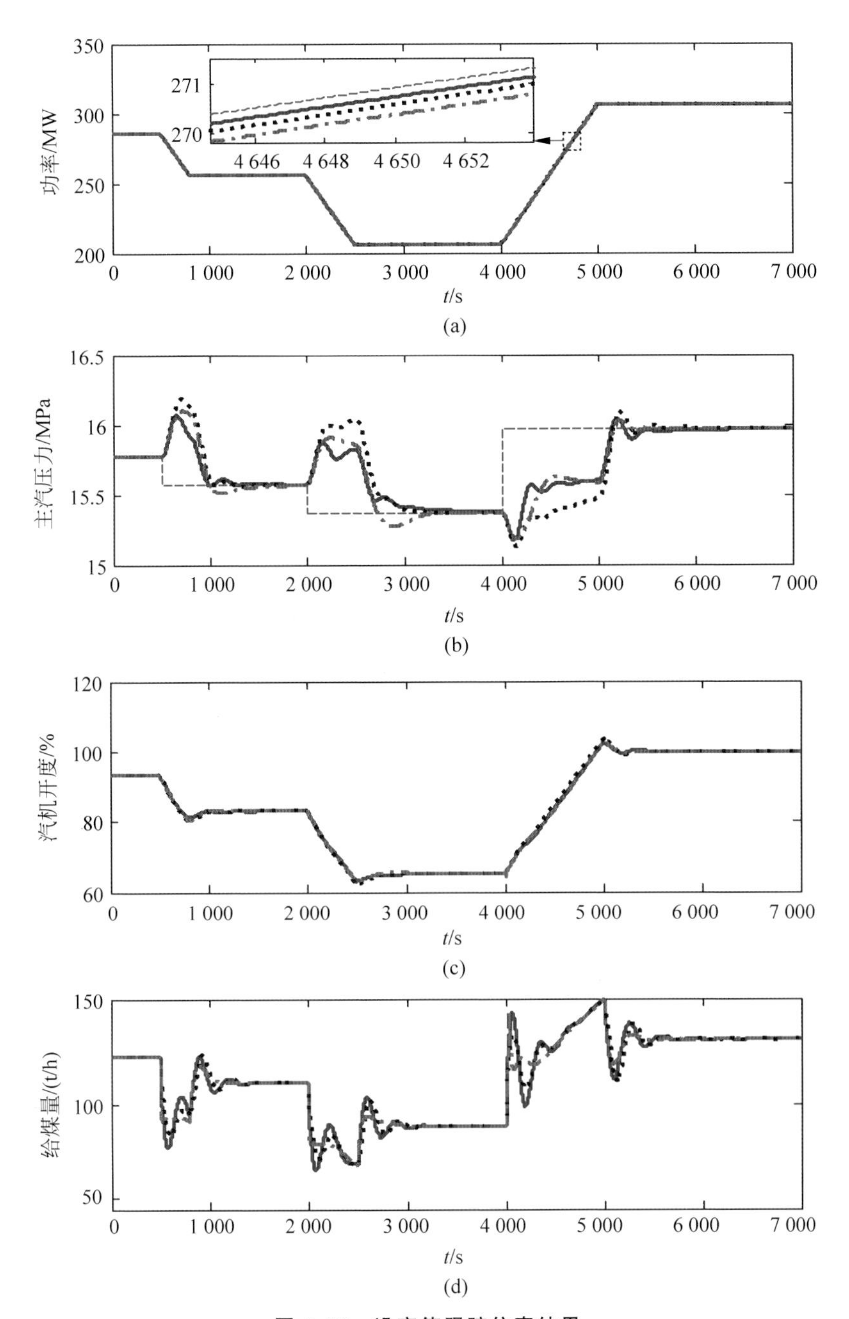

图 5.20　设定值跟踪仿真结果

红虚线：设定值；蓝实线：DEB-ADRC；黑点线：DEB-PI；粉色点画线：H_∞

(a)和(b)：被控变量；(c)和(d)：控制变量

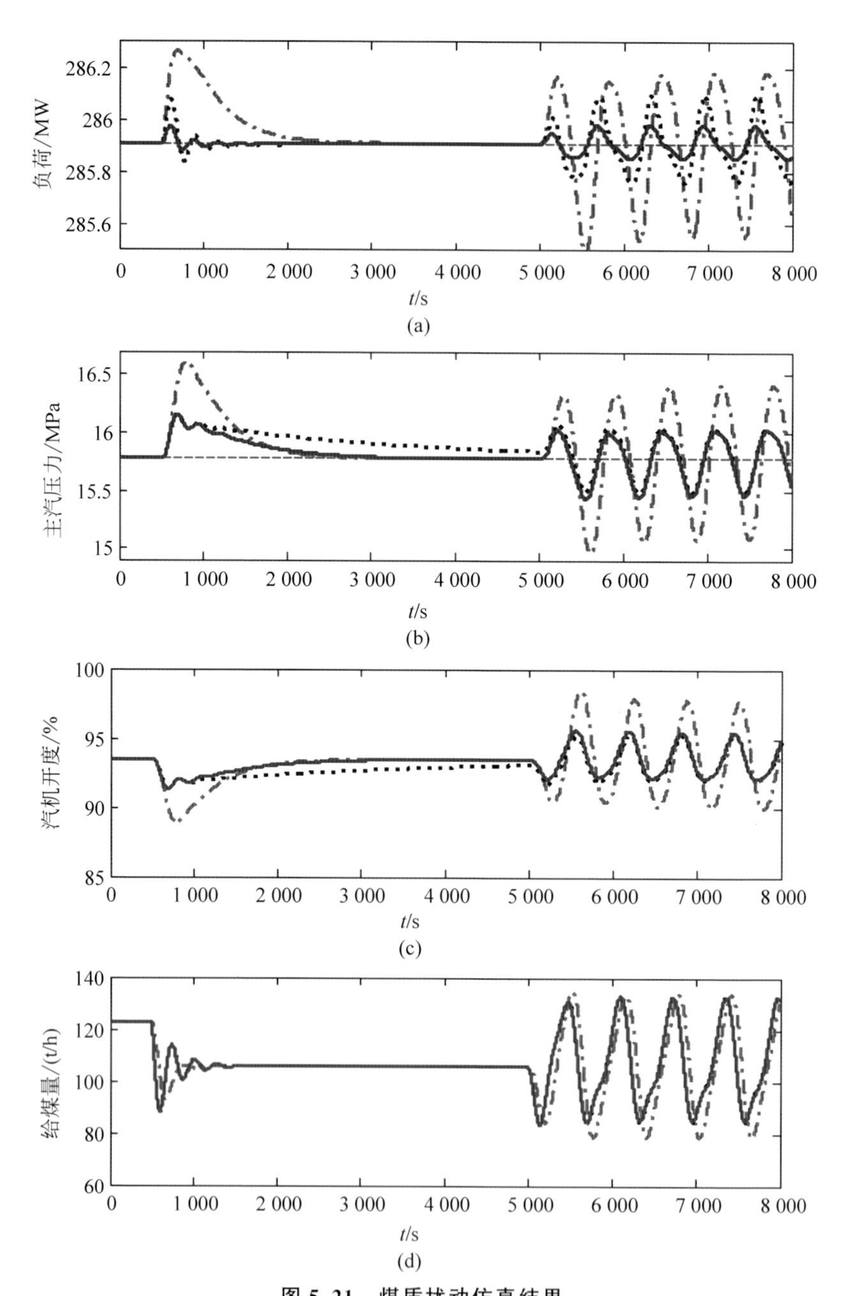

图 5.21 煤质扰动仿真结果

红虚线：设定值；蓝实线：DEB-ADRC；黑点线：DEB-PI；粉色点画线：H_{∞}

(a)和(b)：被控变量；(c)和(d)：控制变量

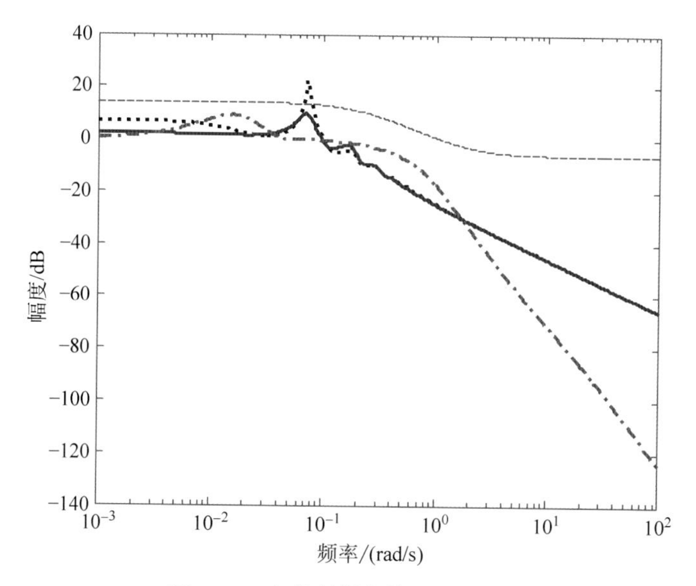

图 5.22　各控制器鲁棒稳定性对比

红虚线：上界限 $1/|w_I(j\omega)|$；黑点线：DEB-PI；蓝实线：DEB-ADRC；粉色点画线：H_∞ 控制系统

清华大学优秀博士学位论文丛书

基于不确定性补偿的火电机组二自由度控制

孙立（Sun Li）著

Uncertainty Compensation based Two-Degrees-of-Freedom Control for Coal Fired Power Plant

清华大学出版社
北　京

内容简介

本书以大型火电机组热工过程中广泛存在的各类不确定性为出发点，分别针对最小相位过程、时滞过程、非最小相位过程和多变量热工过程设计了不确定性补偿和二自由度控制策略，并采用理论推导、数值仿真和试验方法分析和验证了控制策略的稳定性和可行性。最后，本书将提出的控制方法应用于多个亚临界和超超临界火电机组的典型热工过程，显著提升了现场控制的运行水平。

本书可供热工专业的高年级本科生、研究生及热工工程人员参考。

图书在版编目(CIP)数据

基于不确定性补偿的火电机组二自由度控制/孙立著. —北京：清华大学出版社，2021.3

(清华大学优秀博士学位论文丛书)

ISBN 978-7-302-57308-1

Ⅰ. ①基… Ⅱ. ①孙… Ⅲ. ①火力发电—发电机组—多自由度系统—控制方法 Ⅳ. ①TM621.3

中国版本图书馆 CIP 数据核字(2021)第 005910 号

责任编辑：戚 亚
封面设计：傅瑞学
责任校对：刘玉霞
责任印制：杨 艳

出版发行：清华大学出版社
网 址：http://www.tup.com.cn，http://www.wqbook.com
地 址：北京清华大学学研大厦 A 座 **邮 编**：100084
社 总 机：010-62770175 **邮 购**：010-62786544
投稿与读者服务：010-62776969，c-service@tup.tsinghua.edu.cn
质量反馈：010-62772015，zhiliang@tup.tsinghua.edu.cn
印 刷 者：三河市铭诚印务有限公司
装 订 者：三河市启晨纸制品加工有限公司
经 销：全国新华书店
开 本：155mm×235mm **印 张**：10 **插 页**：6 **字 数**：177 千字
版 次：2021 年 4 月第 1 版 **印 次**：2021 年 4 月第 1 次印刷
定 价：79.00 元

产品编号：080940-01

一流博士生教育
体现一流大学人才培养的高度（代丛书序）[①]

人才培养是大学的根本任务。只有培养出一流人才的高校，才能够成为世界一流大学。本科教育是培养一流人才最重要的基础，是一流大学的底色，体现了学校的传统和特色。博士生教育是学历教育的最高层次，体现出一所大学人才培养的高度，代表着一个国家的人才培养水平。清华大学正在全面推进综合改革，深化教育教学改革，探索建立完善的博士生选拔培养机制，不断提升博士生培养质量。

学术精神的培养是博士生教育的根本

学术精神是大学精神的重要组成部分，是学者与学术群体在学术活动中坚守的价值准则。大学对学术精神的追求，反映了一所大学对学术的重视、对真理的热爱和对功利性目标的摒弃。博士生教育要培养有志于追求学术的人，其根本在于学术精神的培养。

无论古今中外，博士这一称号都和学问、学术紧密联系在一起，和知识探索密切相关。我国的博士一词起源于2000多年前的战国时期，是一种学官名。博士任职者负责保管文献档案、编撰著述，须知识渊博并负有传授学问的职责。东汉学者应劭在《汉官仪》中写道："博者，通博古今；士者，辩于然否。"后来，人们逐渐把精通某种职业的专门人才称为博士。博士作为一种学位，最早产生于12世纪，最初它是加入教师行会的一种资格证书。19世纪初，德国柏林大学成立，其哲学院取代了以往神学院在大学中的地位，在大学发展的历史上首次产生了由哲学院授予的哲学博士学位，并赋予了哲学博士深层次的教育内涵，即推崇学术自由、创造新知识。哲学博士的设立标志着现代博士生教育的开端，博士则被定义为独立从事学术研究、具备创造新知识能力的人，是学术精神的传承者和光大者。

---

① 本文首发于《光明日报》，2017年12月5日。

博士生学习期间是培养学术精神最重要的阶段。博士生需要接受严谨的学术训练，开展深入的学术研究，并通过发表学术论文、参与学术活动及博士论文答辩等环节，证明自身的学术能力。更重要的是，博士生要培养学术志趣，把对学术的热爱融入生命之中，把捍卫真理作为毕生的追求。博士生更要学会如何面对干扰和诱惑，远离功利，保持安静、从容的心态。学术精神，特别是其中所蕴含的科学理性精神、学术奉献精神，不仅对博士生未来的学术事业至关重要，对博士生一生的发展都大有裨益。

独创性和批判性思维是博士生最重要的素质

博士生需要具备很多素质，包括逻辑推理、言语表达、沟通协作等，但是最重要的素质是独创性和批判性思维。

学术重视传承，但更看重突破和创新。博士生作为学术事业的后备力量，要立志于追求独创性。独创意味着独立和创造，没有独立精神，往往很难产生创造性的成果。1929 年 6 月 3 日，在清华大学国学院导师王国维逝世二周年之际，国学院师生为纪念这位杰出的学者，募款修造“海宁王静安先生纪念碑”，同为国学院导师的陈寅恪先生撰写了碑铭，其中写道：“先生之著述，或有时而不章；先生之学说，或有时而可商；惟此独立之精神，自由之思想，历千万祀，与天壤而同久，共三光而永光。”这是对于一位学者的极高评价。中国著名的史学家、文学家司马迁所讲的“究天人之际，通古今之变，成一家之言”也是强调要在古今贯通中形成自己独立的见解，并努力达到新的高度。博士生应该以“独立之精神、自由之思想”来要求自己，不断创造新的学术成果。

诺贝尔物理学奖获得者杨振宁先生曾在 20 世纪 80 年代初对到访纽约州立大学石溪分校的 90 多名中国学生、学者提出：“独创性是科学工作者最重要的素质。”杨先生主张做研究的人一定要有独创的精神、独到的见解和独立研究的能力。在科技如此发达的今天，学术上的独创性变得越来越难，也愈加珍贵和重要。博士生要树立敢为天下先的志向，在独创性上下功夫，勇于挑战最前沿的科学问题。

批判性思维是一种遵循逻辑规则、不断质疑和反省的思维方式，具有批判性思维的人勇于挑战自己，敢于挑战权威。批判性思维的缺乏往往被认为是中国学生特有的弱项，也是我们在博士生培养方面存在的一个普遍问题。2001 年，美国卡内基基金会开展了一项“卡内基博士生教育创新计划”，针对博士生教育进行调研，并发布了研究报告。该报告指出：在美国和欧洲,培养学生保持批判而质疑的眼光看待自己、同行和导师的观点同样非常不容易,批判性思维的培养必须成为博士生培养项目的组成部分。

对于博士生而言,批判性思维的养成要从如何面对权威开始。为了鼓励学生质疑学术权威、挑战现有学术范式,培养学生的挑战精神和创新能力,清华大学在2013年发起"巅峰对话",由学生自主邀请各学科领域具有国际影响力的学术大师与清华学生同台对话。该活动迄今已经举办了21期,先后邀请17位诺贝尔奖、3位图灵奖、1位菲尔兹奖获得者参与对话。诺贝尔化学奖得主巴里·夏普莱斯(Barry Sharpless)在2013年11月来清华参加"巅峰对话"时,对于清华学生的质疑精神印象深刻。他在接受媒体采访时谈道:"清华的学生无所畏惧,请原谅我的措辞,但他们真的很有胆量。"这是我听到的对清华学生的最高评价,博士生就应该具备这样的勇气和能力。培养批判性思维更难的一层是要有勇气不断否定自己,有一种不断超越自己的精神。爱因斯坦说:"在真理的认识方面,任何以权威自居的人,必将在上帝的嬉笑中垮台。"这句名言应该成为每一位从事学术研究的博士生的箴言。

提高博士生培养质量有赖于构建全方位的博士生教育体系

一流的博士生教育要有一流的教育理念,需要构建全方位的教育体系,把教育理念落实到博士生培养的各个环节中。

在博士生选拔方面,不能简单按考分录取,而是要侧重评价学术志趣和创新潜力。知识结构固然重要,但学术志趣和创新潜力更关键,考分不能完全反映学生的学术潜质。清华大学在经过多年试点探索的基础上,于2016年开始全面实行博士生招生"申请-审核"制,从原来的按照考试分数招收博士生,转变为按科研创新能力、专业学术潜质招收,并给予院系、学科、导师更大的自主权。《清华大学"申请-审核"制实施办法》明晰了导师和院系在考核、遴选和推荐上的权力和职责,同时确定了规范的流程及监管要求。

在博士生指导教师资格确认方面,不能论资排辈,要更看重教师的学术活力及研究工作的前沿性。博士生教育质量的提升关键在于教师,要让更多、更优秀的教师参与到博士生教育中来。清华大学从2009年开始探索将博士生导师评定权下放到各学位评定分委员会,允许评聘一部分优秀副教授担任博士生导师。近年来,学校在推进教师人事制度改革过程中,明确教研系列助理教授可以独立指导博士生,让富有创造活力的青年教师指导优秀的青年学生,师生相互促进、共同成长。

在促进博士生交流方面，要努力突破学科领域的界限，注重搭建跨学科的平台。跨学科交流是激发博士生学术创造力的重要途径，博士生要努力提升在交叉学科领域开展科研工作的能力。清华大学于2014年创办了"微沙龙"平台，同学们可以通过微信平台随时发布学术话题，寻觅学术伙伴。3年来，博士生参与和发起"微沙龙"12 000多场，参与博士生达38 000多人次。"微沙龙"促进了不同学科学生之间的思想碰撞，激发了同学们的学术志趣。清华于2002年创办了博士生论坛，论坛由同学自己组织，师生共同参与。博士生论坛持续举办了500期，开展了18 000多场学术报告，切实起到了师生互动、教学相长、学科交融、促进交流的作用。学校积极资助博士生到世界一流大学开展交流与合作研究，超过60%的博士生有海外访学经历。清华于2011年设立了发展中国家博士生项目，鼓励学生到发展中国家亲身体验和调研，在全球化背景下研究发展中国家的各类问题。

在博士学位评定方面，权力要进一步下放，学术判断应该由各领域的学者来负责。院系二级学术单位应该在评定博士论文水平上拥有更多的权力，也应担负更多的责任。清华大学从2015年开始把学位论文的评审职责授权给各学位评定分委员会，学位论文质量和学位评审过程主要由各学位分委员会进行把关，校学位委员会负责学位管理整体工作，负责制度建设和争议事项处理。

全面提高人才培养能力是建设世界一流大学的核心。博士生培养质量的提升是大学办学质量提升的重要标志。我们要高度重视、充分发挥博士生教育的战略性、引领性作用，面向世界、勇于进取，树立自信、保持特色，不断推动一流大学的人才培养迈向新的高度。

邱勇

清华大学校长

2017年12月5日

丛书序二

以学术型人才培养为主的博士生教育，肩负着培养具有国际竞争力的高层次学术创新人才的重任，是国家发展战略的重要组成部分，是清华大学人才培养的重中之重。

作为首批设立研究生院的高校，清华大学自20世纪80年代初开始，立足国家和社会需要，结合校内实际情况，不断推动博士生教育改革。为了提供适宜博士生成长的学术环境，我校一方面不断地营造浓厚的学术氛围，一方面大力推动培养模式创新探索。我校从多年前就已开始运行一系列博士生培养专项基金和特色项目，激励博士生潜心学术、锐意创新，拓宽博士生的国际视野，倡导跨学科研究与交流，不断提升博士生培养质量。

博士生是最具创造力的学术研究新生力量，思维活跃，求真求实。他们在导师的指导下进入本领域研究前沿，吸取本领域最新的研究成果，拓宽人类的认知边界，不断取得创新性成果。这套优秀博士学位论文丛书，不仅是我校博士生研究工作前沿成果的体现，也是我校博士生学术精神传承和光大的体现。

这套丛书的每一篇论文均来自学校新近每年评选的校级优秀博士学位论文。为了鼓励创新，激励优秀的博士生脱颖而出，同时激励导师悉心指导，我校评选校级优秀博士学位论文已有20多年。评选出的优秀博士学位论文代表了我校各学科最优秀的博士学位论文的水平。为了传播优秀的博士学位论文成果，更好地推动学术交流与学科建设，促进博士生未来发展和成长，清华大学研究生院与清华大学出版社合作出版这些优秀的博士学位论文。

感谢清华大学出版社，悉心地为每位作者提供专业、细致的写作和出版指导，使这些博士论文以专著方式呈现在读者面前，促进了这些最新的优秀研究成果的快速广泛传播。相信本套丛书的出版可以为国内外各相关领域或交叉领域的在读研究生和科研人员提供有益的参考，为相关学科领域的发展和优秀科研成果的转化起到积极的推动作用。

感谢丛书作者的导师们。这些优秀的博士学位论文，从选题、研究到成文，离不开导师的精心指导。我校优秀的师生导学传统，成就了一项项优秀的研究成果，成就了一大批青年学者，也成就了清华的学术研究。感谢导师们为每篇论文精心撰写序言，帮助读者更好地理解论文。

感谢丛书的作者们。他们优秀的学术成果，连同鲜活的思想、创新的精神、严谨的学风，都为致力于学术研究的后来者树立了榜样。他们本着精益求精的精神，对论文进行了细致的修改完善，使之在具备科学性、前沿性的同时，更具系统性和可读性。

这套丛书涵盖清华众多学科，从论文的选题能够感受到作者们积极参与国家重大战略、社会发展问题、新兴产业创新等的研究热情，能够感受到作者们的国际视野和人文情怀。相信这些年轻作者们勇于承担学术创新重任的社会责任感能够感染和带动越来越多的博士生，将论文书写在祖国的大地上。

祝愿丛书的作者们、读者们和所有从事学术研究的同行们在未来的道路上坚持梦想，百折不挠！在服务国家、奉献社会和造福人类的事业中不断创新，做新时代的引领者。

相信每一位读者在阅读这一本本学术著作的时候，在吸取学术创新成果、享受学术之美的同时，能够将其中所蕴含的科学理性精神和学术奉献精神传播和发扬出去。

清华大学研究生院院长

2018年1月5日

导师序言

当前，环境污染与气候变化已成为世界各国广泛关注的问题。然而，由于我国的能源资源禀赋，燃煤火电机组仍将在未来相当长的时间内占据我国发电结构的主体位置。因此，大力建设以自动控制和智能运维为核心技术的“智慧电站”已成为推动我国节能减排事业发展的必然趋势。大型火电机组热工过程在运行过程中往往面临许多不确定性，比如各类不可避免的外界不可测扰动。这些不确定性会使热工过程偏离预定的运行工况，从而降低经济性，甚至威胁安全性。因此，经过开题时的多次讨论，孙立博士最终选择从“不确定性补偿”这一视角展开学位论文的研究工作，抓住了热工过程控制的主要矛盾，且直接面向热工过程控制的实际应用。

在研究的过程中，本书采用并改进了以自抗扰控制为代表的二自由度控制技术，分别解决了热工过程中常见的最小相位过程、时滞过程、非最小相位过程和多变量过程的控制问题。本书理论与实践并重，在消化吸收本课题组近20年学术积累的基础上，形成了一套较为完整的热工过程不确定性补偿和二自由度控制理论体系，并在多个亚临界和超临界机组进行了试验。二自由度控制试验效果显著提升了原有控制系统的控制水平，取得了可观的经济效益，获得了项目单位的良好评价。

在博士学位论文开展研究的过程中，我们面临了许多理论与实践上的问题。广泛的科研合作为解决这些问题提供了良好的思路和途径。数年以来，在课题组每周五召开的研讨会上，张玉琼、马克西姆和董君伊等数十位同学先后围绕热工过程动态特性和自抗扰控制理论与孙立博士展开激烈的讨论，为学位论文的开展提供了大量的仿真案例，提出了许多有趣的问题，也触发了许多解决问题的新思路。广东电力科学研究院的教授级高级工程师潘凤萍为孙立博士联系了多个电厂展开自抗扰控制理论的现场试验。课题组校友孙立明经理更是多次往返于北京和广东两地为孙立博士的现场调试出谋划策。清华大学能源与动力工程系的李政教授、周怀春教授和薛亚丽副研究员多次为本学位论文的开题、进展和答辩提供了许多建设性的意见,令本书增色不少。

另一方面,笔者非常注重并积极鼓励博士生通过参与国内外顶级学术会议提升自身的科研视野。博士生通过向国际同行汇报最新的科研进展,可以进一步获得关于学位论文研究的意见,有利于拓宽学位论文研究的广度和深度。自孙立博士入学以来,先后与笔者赴韩国、南非、美国、日本等国家参加国际自控联大会、美国控制会议及 IEEE 控制与决策会议等控制领域的顶级会议,促成了与许多国内外知名专家的了解与合作,结识了大量志同道合的年轻同行,这些经历将成为孙立博士的宝贵财富。

总体而言,本书结合热工过程具体特点,提出并解决了一系列火电机组控制的棘手问题,相关成果发表于多个能源及控制领域的顶级期刊,获得了 IEEE 会士 Kwang Y. Lee 和 Q. C. Zhong 的高度评价。本书可供从事热工过程优化控制、特别是自抗扰控制的科研人员,以及火电机组现场工程师深入阅读,不仅可以了解当前热工过程不确定性补偿和二自由度控制的研究热点和难点,亦可引领读者思考控制理论与实践的差别,探索“智慧电站”的未来发展趋势和技术路线。

李东海
清华大学

摘　要

大型火电机组的热工过程中存在着广泛的不确定性，包括模型不确定性和各种系统外扰。然而，目前大多数基于模型的热工过程先进控制研究主要致力于提高被控过程的设定值跟踪能力，较少涉及对模型不确定性的直接处理和抗外扰能力。另外，这些先进控制器往往具有较高的复杂度，且对参数整定有较高的理论要求，阻碍了其在热工现场的实际应用。

本书以不确定性补偿为核心，首先通过观测器对热工过程中存在的各种不确定性进行实时估计补偿，进而针对补偿后的对象进行设定值跟踪设计。通过这样的二自由度控制设计，以期同时实现以下三个目标：

(1) 控制器能够综合兼顾设定值跟踪、扰动抑制和模型鲁棒性三方面的要求；

(2) 控制器复杂度较低，能够直接在电站的分散控制系统中进行组态；

(3) 控制器参数整定简单直观，且易于工程师掌握。

现代二自由度控制方法主要基于最小相位过程的提出，目前不能被直接应用于具有时滞或非最小相位特征的火电机组热工过程。为克服这一问题，本书分别研究了：

(1) 基于相对时滞裕度的二自由度 PI 控制器最优抗扰设计方案；

(2) 基于一阶惯性纯滞后模型的改进自抗扰控制器的参数整定方案；

(3) 同时适用于稳定、积分和不稳定时滞过程的复杂二自由度控制方案；

(4) 针对非最小相位过程的不确定性补偿方案设计及其收敛性分析。

仿真结果显示了上述方法的有效性和优越性。在应用方面，本书选择复杂度较低，且目前实施条件最为成熟自抗扰控制器作为研究对象。为满足工程投用的要求，本书研究了其逻辑组态、抗饱和无扰切换等实现问题，开发了一种参数自整定工具和避免控制量跳变的重调策略，并通过水箱试验验证了上述理论的正确性和实用性。

基于水箱试验的经验，本书进一步将自抗扰控制器应用于在役机组的低压加热器水位控制和磨煤机出口风温控制，显著提高了这两个回路的控制性能，且试验结果与仿真结果高度吻合，验证了本书理论的正确性。

最后，本书结合两个案例对热工多变量过程的不确定性补偿和二自由度控制进行了探索研究。本书论述了扰动观测器的解耦能力，并基于建立协调控制系统的非线性模型，验证了分散自抗扰控制用于协调控制的优越性。

关键词：自抗扰控制；热工过程建模；不确定性补偿；二自由度控制

Abstract

Uncertainties, including modelling uncertainty and external disturbances, are widely existing in the large-scale coal-fired power plant. However, most of the current model based advanced thermal process control are mainly focued on improving the set-point tracking performance while giving little attention on dealing with the uncertainty and disturbance rejection. Moreover, these algorithms are usually featured with the high complexity and the deep theoretic requirments on parameter tuning, making it difficult to implement in practical industry.

Centered on the uncertainty compensation, this book developed a two-degrees-of-freedom (2-DOF) control in which the various uncertainties in the thermal process can be estimated and compensated in real time, and then the set-point tracking controller can be designed based on the compensated plant. In this book, the following objectives should be fulfilled:

(1) The controller design should take into accout the comprehensive requirments on set-point trakcing, disturbance rejection and robustness;

(2) The controller is of low complexity, which can be easily configured in the power plant distributed control system;

(3) The controller is ease of tuning and can be readily mastered by the engineers.

The 2-DOF controls cannot be directly applied in the thermal processes with time delay or non-minimum phase characteristics, because the algorithms were originally proposed based on the minimum phase description. To this end, this book studies the following issues,

(1) The optimal disturbance rejection design for the 2-DOF PI controller based on the relative delay margin;

(2) The modified active disturbance rejection control (ADRC) tuning

method based on the first order plus time delay model;

(3) A complex 2-DOF control structure that is simultaneously suitable for the stable, integrating and unstable processes with time delay;

(4) An uncertainty compensation framework for the non-minimum phase process with the convergence analyzed.

The simulation results show the efficiency and superiority of the above methods. In application aspect, ADRC is favorably chosen as the controller for the implementation research because of its lower complexity and maturity for practical application. For engineering commission purpose, this book focuses on the realization problems in terms of the logics configuration, anti-windup and bumpless transfer. Besides, a parameter self-tuning tool is developed in this book as well as a retuning strategy that can be used to prevent the initial jumping change of the control action. A water tank experiment is carried out to validate the reasonability of the above theories and the feasibility of ADRC in real application.

Motivated by the laboratory experimental results, this book applies ADRC to the level control of the low-pressure heater and the outlet temperature control of the coal mill. It is shown that the control performance of both loops is significantly improved. Moreover, the test results agrees well with the simulation results, comfirming the reliability of the theoretic outputs of the dissertation.

Finally, on the basis of two particular cases, this book investigates the uncertainty compensation and 2-DOF control methos for multivariable thermal processes. The decoupling ability of disturbance observer is reavealed. Based on the nonlinear model built for the coordinated control system, the merits of the decentralized ADRC are demonstrated.

Key words: Active Disturbance Rejection Control; Thermal Process Modelling; Uncertainty Compensation; Two-Degrees-of-Freedom Control

主要符号对照表

字母变量

s	拉普拉斯算子
t	时间
r	设定值
y	被控量
x	状态量
u	控制量
q	质量流量
p	蒸汽压力
G	传递函数
T	时间常数
L	时滞
Q	热量
M_{S}	最大灵敏度函数
M_{T}	最大补灵敏度函数

英文缩写

ADRC	active disturbance rejection control	自抗扰控制
ESO	extended state observer	扩张状态观测器
DOB	disturbance observer	扰动观测器
UDE	uncertainty and disturbance estimator	不确定扰动估计器
DEB	direct energy balance	直接能量平衡
RGA	relative gain array	相对增益阵列

CCS	coordinated control system	协调控制系统
IMC	internal model control	内模控制
SP	Smith predictor	史密斯预估器
IAE	integrated absolute error	误差绝对值积分

目　录

Contents

第1章 引　言

1.1 研究背景和意义

能源是人类生存和发展的重要物质基础，是世界范围内的大国竞争与可持续发展的重要影响因素[1]。于我国而言，持续高速的社会经济发展对能源生产过程的安全性、经济性和环保性都提出了日益严格的要求。

我国是以煤为主要一次能源的国家。《中国能源发展报告 2014》[2]指出，截至 2013 年年底，我国火力发电装机总量占比 69.1%。在可预期的将来，火力发电仍将占据我国发电结构的主导地位。因此，提高火电机组的运行水平对我国当前的能源产业发展存在以下三方面的重要意义：

(1) 节能减排。考虑到目前庞大的火电装机容量，火电机组发电效率的每一点提高即可节约大量的煤炭消耗，进而减少二氧化碳的排放量。

(2) 降低污染。相比于众多规模较小的煤炭用户，大型火电机组依国家标准集中处理二氧化硫、氮氧化物和粉尘等污染物，有利于改善环境。

(3) 工业示范。鉴于国家和社会对于火力发电的高度重视，火电技术的现代化技术和经验可以为我国其他工业的发展提供示范参考。

随着火电机组向高参数、大容量方向发展，设计高性能的热工自动控制系统对于火电机组的安全经济运行体现着日益重要的作用：

(1) 有利于提高火电机组的稳定性和安全性。另外，高度自动化的发电过程也是未来实现电站信息化、智能化的必要基础。

(2) 有利于提高火电机组的经济性。设计合理的自动控制系统能减少执行器和参数波动，提高参数设定值，进而提高效率。

(3) 有利于提高电网安全性。通过合理的控制设计，能够显著提高火电机组的调峰调频能力，进而有效平衡太阳能、风能等间歇性能源的功率波动对电网的影响。

一般而言，火电机组的安全、稳定、经济运行对热工控制系统提出的要求可以归结为以下三个方面：

（1）设定值跟踪问题，如机组功率输出需要实时快速跟踪电网指令。

（2）扰动抑制问题，如抑制由煤粉热值扰动引起的系统参数波动。在扰动抑制的过程中，设定值一般为常值，控制目标为使过程输出尽可能小的偏离设定值。

（3）鲁棒性问题，即控制性能对于建模误差和工况偏移的敏感性。

需要说明的是，以上三方面的控制目标常常会相互矛盾，如有些控制器可以产生非常理想的设定值跟踪性能，但其抗扰响应却非常缓慢；有些控制器的抗扰能力很强，但其可能会带来较差的鲁棒性和较大的跟踪超调量。值得注意的是，不同于运动控制或化工过程控制，热工对象往往需要同时兼顾以上三个方面，这就使控制设计尤为复杂。下面，本书将就此做一些对比分析。

首先，对于运动对象（如航天器、机械臂、电机伺服等），控制器设计的核心目标是使对象的位移或速度输出以很高的精度跟踪一个预期的三维轨迹。在设计过程中，设定值跟踪问题是其核心目标。在这类对象中，恒定设定值下的扰动抑制问题不甚突出。基于动力学定律往往能够为该类对象建立较为精确的数学模型，因此对控制器的鲁棒性要求亦不突出。其次，对于化工过程对象，为持续生产出合格的化工产品，大部分回路长期运行在一种近似稳态的工况下，其设定值在很长时间内被置为恒值。因此，其控制器设计的主要目标是抑制生产过程中的未知扰动。然而，不同于化工过程，火电机组的最终产品是发电输出功率，它的设定值需要根据电网指令而实时调整。相应地，其他众多回路的设定值也需要随着负荷指令的变化而做出调整。比如在机组滑压运行状态下，锅炉主汽压力的设定值需要随着负荷设定值的变化而实时变化。决定变化规律的压力-功率曲线是根据理论计算和反复试验而制定的一个优化结果。另外，在锅炉燃烧系统中，炉膛压力和烟气含氧量的设定值也需要因此做出调整，以达到燃烧优化的作用。顾燕萍在其博士学位论文[3]中对该问题进行了详细的研究。形象地讲，负荷指令的变化对于整个机组的影响“牵一发而动全身”。另一方面，扰动抑制也是火电机组极其重要的控制目标。过热汽温和再热汽温对象就是其中典型的例子。即使在大范围变负荷下，汽温也被要求尽可能稳定在一个固定设定值上，以实现较高的循环热效率和较小的热应力波动。即使在稳定负荷下，由于煤粉热值的摄动和火电机组的高度复杂性，各回路的过程输出值不可避免地会偏离其设定值，所以过程控制器需要承担快速抗扰的调节任务。最后，由于复杂的燃烧、传热和流动机理，几乎不可能建立热工过程的精确数学模型,甚至连模型的阶次都很难确定。另外,过程特性会随着负荷工况的变化发生显著变化。因此,保证控制性能对模型误差的鲁棒性也是热工控制的一项基本要求。

综上所述,为实现火电机组的高效运行,热工控制系统的设计需要统筹兼顾以上三方面的控制目标。如果控制设计只注重其中某一个目标,那么极有可能顾此失彼,使其他两个目标不能很好地被满足。

1.2 研究进展和现状

1.2.1 热工过程控制研究现状

随着近几十年来控制理论的飞速发展,国内外众多学者积极将最新的控制方法介绍到火电机组的许多重要热工过程中。目前,热工过程的先进控制理论与应用都已取得了许多重要的成果。以火电机组负荷协调控制系统为例,几乎所有主流的先进控制方法都已获得了深入的应用研究,表1.1总结归纳了部分具有代表性文献的方法和特点。

表1.1 协调控制系统的先进控制方法

控制方法	文献	主要特点
自适应控制	[4]~[6]	较侧重设定值跟踪设计;对模型参数不确定的问题有良好的适应能力,但对时滞以及阶的不确定较敏感
鲁棒控制	[7]~[9]	能够综合上述三方面控制目标;需要建立模型不确定性的界限;最终控制性能较为保守
滑模控制	[10]~[11]	能够综合上述三方面控制目标;避免了保守的控制性能;但在滑模面附近会出现控制量颤振现象
模型预测控制	[12]~[19]	较侧重设定值跟踪设计;具有一定鲁棒性;在线计算量很大
智能控制	[20]~[22]	较侧重设定值跟踪设计;算法实现复杂;算法的稳定性和收敛性分析存在较大困难
解耦控制	[23]	较侧重设定值跟踪设计;鲁棒性比较差

近年来,国内外学者也将这些先进控制方法应用到了磨煤机控制[24-28]、燃烧过程控制[29-31]、过热汽温控制[32-35]和流化床锅炉控制系统[36-43]中。

从表1.1可以看出,很多控制方法着重于提高设定值跟踪的性能,而较少关注抗扰性能和鲁棒性方面的要求。另一方面，这些控制方法缺少定量简便的参数整定方案，工程实现较为困难，鲜有在热工现场进行试验应用的文献报道。目前火电机组的热工过程控制仍然以经典的 PID/PI 控制器为主。

因此，要将先进的控制方案应用到电站现场，并显著提高热工过程的运行水平，应当同时满足以下三个条件：

(1) 控制器应综合考虑设定值跟踪、抗扰和鲁棒性三方面的要求；

(2) 控制器参数应便于整定，且易于工程师掌握；

(3) 控制器实现应尽可能简单。

为达到以上三个要求，本书基于不确定性补偿的思想，针对不同类型的热工对象分别设计合适的二自由度控制方案，最后将自抗扰控制应用到火电机组的几个典型的热工过程中。

1.2.2　不确定性：自动控制的核心问题

在介绍本书研究的控制方法之前，我们有必要先讨论自动控制系统与不确定性之间的关系。对于控制设计而言，系统中的不确定性主要来自于建模误差和未知的干扰信号，图 1.1 对系统中的各种不确定性进行了更加细致的分类。美国工程院院士、哈佛大学教授 R. Brockett[44] 指出："如果

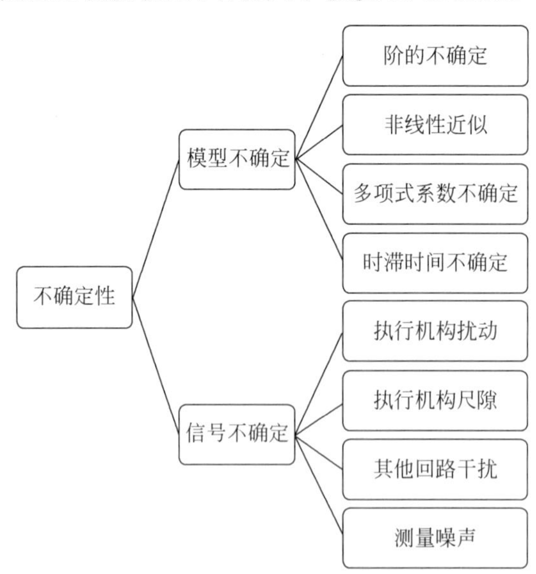

图 1.1　系统不确定性分类

没有不确定性，反馈控制就没有必要存在。”反过来，如果所建模型能够完全准确地描述系统特性，且系统中不存在任何扰动，那么我们完全可以为被控对象设计出一个最优的开环控制律，闭环或反馈在这里显得并不必要。因此，不确定性应当是反馈控制的出发点和最终归宿，反馈控制的设计不应忽略不确定性这一核心问题。

钱学森在 20 世纪 50 年代出版的《工程控制论》[45]一书中质疑了当时控制理论所基于的基本假设，即“被控系统的属性和特性总是被假想为已知”，并指出了“系统属性实际上可能发生大的不可预知的变化”。美国工程院院士 Åström 的 2014 年的综述长文[46]也印证了钱学森的观点——“早期基于模型的状态空间理论的普遍缺点在于其对模型不确定性的鲁棒性”。

为适应参数不确定性问题，Åström 于 1973 年提出了一种著名的自适应控制器，即自整定调节器(self-tuning regulator)[47]，它采用最小二乘法在线更新模型参数，进而提高了控制性能。然而，当模型集与真实对象不匹配时，这类方法也被发现存在严重的鲁棒性问题[48]。随后，为同时兼顾不确定参数和不确定动态，鲁棒控制理论进入了快速发展的时期。Zames 在 1981 年发表的论文[49]通过最小化灵敏度函数的 H_∞ 范数，奠定了 H_∞ 控制的基础。随后，加州理工学院 Doyle 教授发表的两篇论文[50-51]为 H_∞ 控制和 H_2 控制提供了标准的数值解法，这项工作被 Åström 形容为鲁棒控制的登顶之作[46]。尽管鲁棒控制能够很好地处理多种系统不确定性，且已经有标准解法，但在工业中仍然难以广泛应用，其原因在于：

(1) 设计鲁棒控制器需要知道所建立模型的不确定性的界限，而这实际上难以获得；

(2) 各种鲁棒控制器所得到的结果都存在一定的保守性，即为获得强鲁棒性牺牲了标称状态下的控制性能，尤其是抗扰动方面的性能；

(3) 鲁棒控制器的理解和计算都非常复杂，不利于现场工程师掌握；

(4) 标准算法所得的鲁棒控制器的阶次一般都很高，参数在线修改几乎不可能。

不同于鲁棒控制方法被动地适应了模型不确定性的思想，近年来，许多学者提出了一种新的处理方式，即根据输入-输出数据来实时估计补偿系统总不确定性(含模型不确定性和信号不确定性)的思想，进而基于补偿后的对象再进行控制设计。这本质上是一种二自由度控制结构。然而，在这类方法刚被提出的时候，设计者们往往并没有意识到自身的二自由度特性，甚至还没有二自由度控制相关的知识，二自由度特性是在后续的研究中逐渐被发现的。下文先介绍传统的二自由度控制结构，再介绍三种新的基于不确定性补偿的二自由度控制理念。

1.2.3 传统二自由度控制结构

图1.2所示为经典的反馈控制结构，其中 G_P 为被控过程，G_c 为控制器，r,y,d,e,u 分别为设定值、输出值、扰动、偏差和控制量。由于这种结构中只有一个控制器可以设计，因此被称为"单自由度(one-degree-of-freedom,1-DOF)控制"。自20世纪40年代反馈控制理论开始蓬勃发展以来，这种控制结构长期占据了控制理论与应用的主导地位。目前的自动控制教科书也大都基于这种单自由度结构。许多先进的控制策略也是基于这种结构来设计复杂的 G_c 以代替传统的PID控制器。Åström在专著[52]中详细讨论了这种单自由度控制的缺点。他指出，在单自由度控制框架下，往往难以同时获得较好的跟踪和抗扰控制性能。Shinskey[53-54]则进一步指出，许多基于单自由度控制结构的先进方法往往专注于提高跟踪性能，而忽略了抗扰的要求，这使得许多先进的控制理论与实际过程严重脱节。这里，我们简要说明在单自由度控制结构下跟踪目标和抗扰目标存在的矛盾。

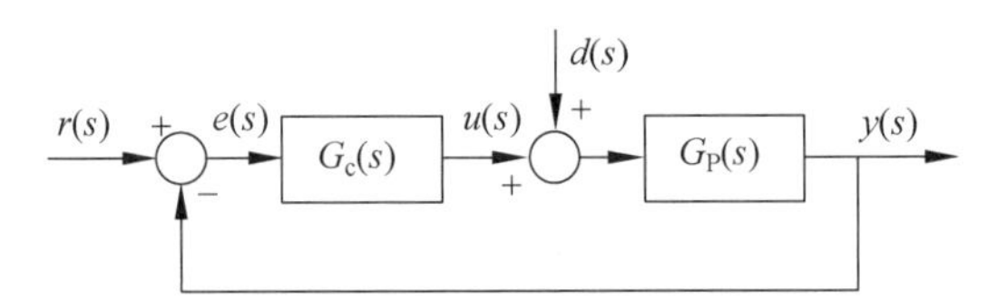

图1.2 经典单自由度反馈控制结构

首先，设定值到控制误差的传递函数为

$$G_{er}(s)=\frac{e(s)}{r(s)}=\frac{1}{1+G_c(s)G_P(s)} \tag{1-1}$$

而扰动到控制误差的传递函数为

$$G_{ed}(s)=\frac{e(s)}{d(s)}=\frac{G_P(s)}{1+G_c(s)G_P(s)}=G_P(s)G_{er}(s) \tag{1-2}$$

由式(1-2)可以看出，对于一个惯性很大的过程 G_P，即使设计了一个理想的跟踪响应 $G_{er}(s)$，对应的抗扰响应 $G_{ed}(s)$ 也可能收敛得非常缓慢。

尽管在20世纪60年代即有学者[55]指出单自由度控制的这个缺点，但长期以来并没有得到理论学者和工程师的重视。直到20世纪80年代，日本学者 Araki 引入设定值前馈信号，提出了多个二自由度 PID 控制形式[56-58]，才很好地解决了跟踪和抗扰的矛盾，使两方面的性能指标可以同时被很好地满足。Araki 在综述[59]中进一步讨论了这些控制结构的特点和设计方法，并指出这些控制结构都可以等价为如图 1.3 所示的二自由度控制结构。

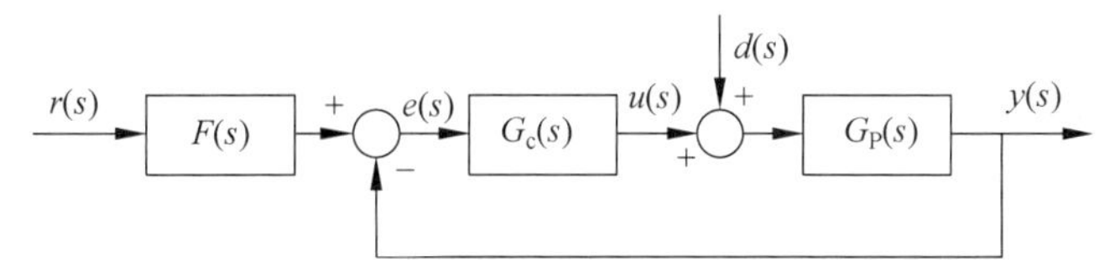

图 1.3 经典二自由度控制结构

Reprinted from Sun L, Li D, Lee K Y, Optimal disturbance rejection for PI controller with constraints on relative delay margin, ISA Transactions, 2016, 63: 103-111, Copyright(2016), with permission from Elsevier.

显然，二自由度控制结构与单自由度控制的不同之处就在于其在设定值信号后加了一个前置滤波器 $F(s)$，使设定值到控制误差的传递函数变为

$$G_{er}(s)=\frac{e(s)}{r(s)}=\frac{F(s)}{1+G_c(s)G_P(s)} \tag{1-3}$$

而扰动到控制误差的传递函数维持不变，仍为

$$G_{ed}(s)=\frac{e(s)}{d(s)}=\frac{G_P(s)}{1+G_c(s)G_P(s)} \tag{1-4}$$

通过式(1-3)和式(1-4)可以看出，这时系统有两个自由度(即 $G_c(s)$ 和 $F(s)$)可以调整，以分别获得满意的闭环传递函数 $G_{er}(s)$ 和 $G_{ed}(s)$。这就是所谓“二自由度控制”说法的来源[59]。

目前常见的二自由度控制即为二自由度 PID 控制器[59-65]，其设计方法主要是两步法[52]：

(1) 设计反馈控制器 $G_c(s)$ 获得优化的扰动响应；

(2) 设计前置滤波器 $F(s)$ 获得满意的设定值跟踪响应。

1.2.4 基于扰动观测器的二自由度控制

基于扰动观测器(disturbance observer，DOB)的控制是由日本学者 Ohnishi 等人[66-67]于 20 世纪 80 年代针对最小相位对象提出的。而后，文献[68]揭示了这种控制结构的二自由度特性。近年来，该方法已经被逐渐改进完善以适应非最小相位对象[69-70]和时滞对象[71-72]。

综合文献[66]～文献[72]，可以得到基于 DOB 的一般控制结构，如图 1-4 所示。其中被控过程 $G_{\mathrm{P}}(s)$ 的数学模型为

$$\widetilde{G}_{\mathrm{P}}(s)=P_{\mathrm{m}}(s)P_{\mathrm{i}}(s) \tag{1-5}$$

其中，n 为测量噪声，$P_{\mathrm{m}}(s)$ 和 $P_{\mathrm{i}}(s)$ 分别为模型的可逆（最小相位）部分和不可逆（非最小相位及时滞）部分。$P_{\mathrm{m}}^{-1}(s)$ 一般为非正则传递函数，因此引入滤波器 $Q(s)$ 以使扰动观测器物理可实现。

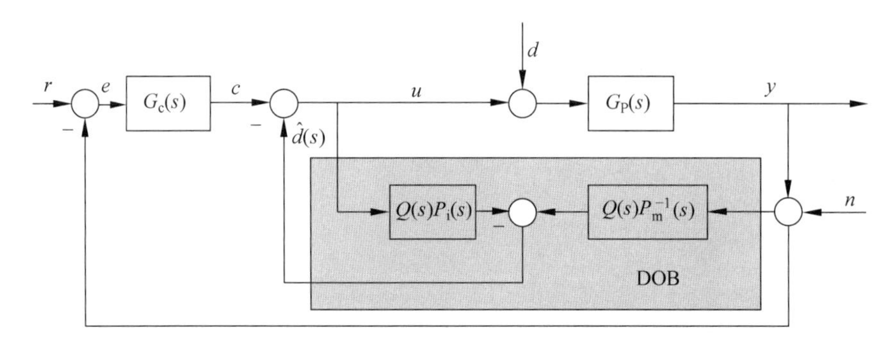

图 1.4 基于扰动观测器的控制结构

利用过程的实时输入输出信号，扰动观测器的主要功能是估计进入系统的扰动信号 d。当模型匹配时，即 $G_{\mathrm{P}}(s)=\widetilde{G}_{\mathrm{P}}(s)$，忽略外环控制器 $G_{\mathrm{c}}(s)$ 的影响，采用梅森公式可以算出从真实扰动信号 d 到扰动估计信号 $\hat{d}$ 的传递函数：

$$\frac{\hat{d}(s)}{d(s)}=\frac{Q(s)P_{\mathrm{i}}(s)}{1-Q(s)P_{\mathrm{i}}(s)+Q(s)P_{\mathrm{i}}(s)}=Q(s)P_{\mathrm{i}}(s) \tag{1-6}$$

由式(1-6)可以看到，真实扰动信号进入系统后，在经过系统的不可逆部分和滤波器后，可以很好地被观测到。对最小相位系统，扰动观测的精度仅取决于滤波器 $Q(s)$ 的带宽。滤波器带宽越大，扰动估计效果越好，对噪声也越敏感。

当扰动被 DOB 观测并直接在控制端进行补偿抑制后，外环控制器 $G_{\mathrm{c}}(s)$ 可以根据成熟的伺服控制理论来实现理想的设定值跟踪性能。不同于传统的二自由度结构通过反馈控制器来被动抑制扰动，DOB 控制方法采用了积极主动的策略来更准确地观测进而消除扰动。而其设定值跟踪控制器也可以比传统二自由度控制的前置滤波器 $F(s)$ 的设计更加主动灵活。因此，近

年来，基于 DOB 的控制获得了广泛的研究与应用，如球磨机控制[73]、压电振荡控制[74]和直升机控制[75]等。

1.2.5　基于扩张状态观测器的二自由度控制：自抗扰控制

扰动观测器的最初提出主要是为了快速观测抑制信号扰动，而未显式考虑模型不确定性的影响。20 世纪 90 年代，我国学者韩京清在经历了对模型论和控制论的深入反思[76]后，提出了反馈系统标准型（串联积分器）的概念，并把实际对象中除标准型外的未知动态和扰动综合为系统的一个扩张状态，进而通过一个扩张状态观测器（extended state observer，ESO）[77]对其进行实时估计并抵消，最后基于串联积分器标准型设计反馈控制器。这种方法后来被命名为“自抗扰控制”（active disturbance rejection control，ADRC）[78-79]，它突破了一直以来基于模型设计控制器的框架，将模型不确定性和信号扰动作统一处理。在 ADRC 的框架下，设定值跟踪、扰动抑制和鲁棒性这三个目标得到了兼顾，且避免了过度保守性的问题。以下通过线性 ADRC 的基本设计原理来说明这一问题。

对一个 n 阶系统：

$$y^{(n)}(t)=f(y^{(n-1)}(t),\cdots,y(t),w(t))+bu(t) \tag{1-7}$$

其中，b 为系统的增益参数，w 为外扰信号，f 为包含系统外扰和状态的未知动态。将 f 视作系统的扩张状态，进而式(1-7)可以被描述成

$$\begin{cases}\dot{\boldsymbol{x}}=\boldsymbol{A}\boldsymbol{x}+\boldsymbol{B}u+\boldsymbol{E}h\\ \boldsymbol{y}=\boldsymbol{c}^{\mathrm{T}}\boldsymbol{x}\end{cases} \tag{1-8}$$

其中，状态向量 $\boldsymbol{x}=(x_1,x_2,\cdots,x_n,x_{n+1})^{\mathrm{T}}=(y,\dot{y},\cdots,y^{(n)},f)^{\mathrm{T}}$，$\boldsymbol{h}=\dot{f}$，$\boldsymbol{c}^{\mathrm{T}}=(1\quad 0\quad \cdots\quad 0)_{(n+1)\times(n+1)}$ 以及

$$\boldsymbol{A}=\begin{pmatrix}0 & 1 & & \\ \vdots & & \ddots & \\ 0 & & & 1\\ 0 & \cdots & \cdots & 0\end{pmatrix}_{(n+1)\times(n+1)},\quad \boldsymbol{B}=\begin{pmatrix}0\\0\\ \vdots\\ b\\ 0\end{pmatrix}_{(n+1)\times 1},\quad \boldsymbol{E}=\begin{pmatrix}0\\0\\ \vdots\\ 1\end{pmatrix}_{(n+1)\times 1} \tag{1-9}$$

为扩张后的系统(1-8)设计扩张状态观测器 ESO 如下：

$$\begin{cases}\dot{\hat{\boldsymbol{x}}}=\boldsymbol{A}\hat{\boldsymbol{x}}+\boldsymbol{B}u+\boldsymbol{L}(\boldsymbol{y}-\hat{\boldsymbol{y}})\\ \hat{\boldsymbol{y}}=\boldsymbol{c}^{\mathrm{T}}\hat{\boldsymbol{x}}\end{cases} \tag{1-10}$$

其中，$\hat{\boldsymbol{x}}$用于观测$\boldsymbol{x}$，$\boldsymbol{L}=(l_1 \quad l_2 \quad \cdots \quad l_{n+1})^{\mathrm{T}}$是观测器增益。通过在控制端实时补偿$f$的估计量$\hat{x}_{n+1}$，

$$u=\frac{u_0-\hat{x}_{n+1}}{b} \tag{1-11}$$

考虑到$\hat{x}_{n+1}\approx f$，原系统(1-7)可以被近似为

$$y^{(n)}=f+bu=f+u_0-\hat{x}_{n+1}\approx u_0 \tag{1-12}$$

由式(1-12)可以看出，经过ESO补偿后的新系统(从$u_0\sim y$)可以被近似为预想的串联积分器标准型。由于串联积分器对象的形式非常简单，可以采用反馈控制律

$$u_0=k_1(r-\hat{x}_1)-k_2\hat{x}_2-\cdots-k_n\hat{x}_n \tag{1-13}$$

来获得预期的近似闭环跟踪响应

$$G(s)=\frac{y(s)}{r(s)}=\frac{k_1}{s^n+k_ns^{n-1}+\cdots+k_3s^2+k_2s+k_1} \tag{1-14}$$

文献[80]提出了一种带宽法来整定观测器增益$l_1,l_2,\cdots,l_{n+1}$和控制器增益$k_1,k_2,\cdots,k_n$，以使扩张状态观测器(1-10)的特征根均配置在$-\omega_o$，闭环跟踪响应的根(1-14)均配置在$-\omega_c$，即

$$(s+\omega_o)^{n+1}=s^{n+1}+l_1s^n+l_2s^{n-1}+\cdots+l_ns+l_{n+1} \tag{1-15}$$

$$(s+\omega_c)^n=s^n+k_ns^{n-1}+\cdots+k_3s^2+k_2s+k_1 \tag{1-16}$$

为便于实践应用，目前通常采用低阶ADRC($n=1$或2)进行控制，近年来已经在运动控制领域获得了显著的应用成果，如压电控制[81]、陀螺仪控制[82]、内燃机控制[83]。特别值得一提的是，2013年4月，美国得州仪器公司开始在全球发布以ADRC为核心的运动控制芯片[84]，极大地促进了ADRC在工业界的广泛应用，也吸引了更多的学者关注ADRC技术。近年来，ADRC的理论研究也获得了极大的进展，文献[85]～文献[88]分别从不同角度以不同方法论证了ESO和ADRC的收敛性和稳定性。文献[89]指出，通过适当的框图变换，线性ADRC也可以被等效成如图1-3所示的二自由度控制结构，只是其反馈控制器和前置滤波器的传递函数在形式上远比式(1-10)～式(1-13)描述的控制律复杂，而且基于二自由度结构的参数整定显得很不直观。

自抗扰控制突破了以往单独处理信号不确定性(抗扰)或模型不确定性(鲁棒)的思路，以抑制系统的综合不确定性为核心，针对串联积分器标准型设计反馈控制器，实现了设计范式的一次转变[90]。

值得注意的是，在一阶 ADRC 结构中，由于 y 可直接测量，所以在该结构中，常使用 y 代替 $\hat{x}_1$。由于该结构实现简单，且易于在线调整参数，因此本书将主要围绕一阶 ADRC 开展研究。

1.2.6 基于干扰与不确定性估计器的二自由度控制

很多时候，控制设计者可以获得对象的粗略模型甚至更多的测量信号。为既能利用这些先验信息以加强控制性能，又能估计补偿系统的信号干扰和模型不确定性，Zhong 等人[91]提出了一种基于干扰与不确定性扰动估计器的(uncertainty and disturbance estimator，UDE)控制策略。这种方法基于如下的状态空间模型：

$$\dot{\boldsymbol{x}}=(\boldsymbol{A}+\boldsymbol{F})\boldsymbol{x}+\boldsymbol{B}\boldsymbol{u}(t)+\boldsymbol{d}(t) \tag{1-17}$$

其中，$\boldsymbol{x}=(x_1,x_2,\cdots,x_n)^{\mathrm{T}}$ 为状态向量，$\boldsymbol{u}(t)=(u_1,u_2,\cdots,u_r)^{\mathrm{T}}$ 为控制输入，$(\boldsymbol{A},\boldsymbol{B})$为状态空间模型，$\boldsymbol{F}$ 代表模型不确定性，$\boldsymbol{d}$ 为未知扰动。

假设预期的参考模型为

$$\dot{\boldsymbol{x}}_{\mathrm{m}}=\boldsymbol{A}_{\mathrm{m}}\boldsymbol{x}_{\mathrm{m}}+\boldsymbol{B}_{\mathrm{m}}\boldsymbol{c}(t) \tag{1-18}$$

其中，$\boldsymbol{c}(t)=(c_1,c_2,\cdots,c_r)^{\mathrm{T}}$ 为参考输入，那么，控制目标为使下式定义的状态误差 $\boldsymbol{e}$ 收敛到 0，即

$$\boldsymbol{e}=\boldsymbol{x}_{\mathrm{m}}-\boldsymbol{x}=(x_{\mathrm{m}1}-x_1,L,x_{\mathrm{m}n}-x_n)^{\mathrm{T}} \tag{1-19}$$

$$\dot{\boldsymbol{e}}=\boldsymbol{A}_{\mathrm{e}}\boldsymbol{e} \tag{1-20}$$

其中，$\boldsymbol{A}_{\mathrm{e}}$ 为特征矩阵，代表所期望的收敛速度，它可以被进一步分解为

$$\boldsymbol{A}_{\mathrm{e}}=\boldsymbol{A}_{\mathrm{m}}+\boldsymbol{K} \tag{1-21}$$

其中，$\boldsymbol{K}$ 是误差反馈增益，可根据极点配置的方法来确定。

综合式(1-17)～式(1-19)，可以得到：

$$\begin{aligned}\dot{\boldsymbol{e}}&=\boldsymbol{A}_{\mathrm{m}}\boldsymbol{x}_{\mathrm{m}}+\boldsymbol{B}_{\mathrm{m}}\boldsymbol{c}(t)-(\boldsymbol{A}+\boldsymbol{F})\boldsymbol{x}-\boldsymbol{B}\boldsymbol{u}(t)-\boldsymbol{d}(t)\\&=\boldsymbol{A}_{\mathrm{m}}\boldsymbol{e}+[\boldsymbol{A}_{\mathrm{m}}\boldsymbol{x}+\boldsymbol{B}_{\mathrm{m}}\boldsymbol{c}(t)-(\boldsymbol{A}+\boldsymbol{F})\boldsymbol{x}-\boldsymbol{B}\boldsymbol{u}(t)-\boldsymbol{d}(t)]\end{aligned} \tag{1-22}$$

综合式(1-20)～式(1-22)，可以得到：

$$\boldsymbol{A}_{\mathrm{m}}\boldsymbol{x}+\boldsymbol{B}_{\mathrm{m}}\boldsymbol{c}(t)-(\boldsymbol{A}+\boldsymbol{F})\boldsymbol{x}-\boldsymbol{B}\boldsymbol{u}(t)-\boldsymbol{d}(t)=\boldsymbol{K}\boldsymbol{e} \tag{1-23}$$

文献[91]指出，当系统模型(1-17)为规范型时，方程(1-23)可解出如下的控制律：

$$\boldsymbol{u}(t)=\boldsymbol{B}^{+}(\boldsymbol{A}_{\mathrm{m}}\boldsymbol{x}+\boldsymbol{B}_{\mathrm{m}}\boldsymbol{c}(t)-\boldsymbol{A}\boldsymbol{x}-\boldsymbol{K}\boldsymbol{e}-\boldsymbol{F}\boldsymbol{x}-\boldsymbol{d}(t)) \tag{1-24}$$

其中，$\boldsymbol{B}^{+}=(\boldsymbol{B}^{\mathrm{T}}\boldsymbol{B})^{-1}\boldsymbol{B}^{\mathrm{T}}$ 为 $\boldsymbol{B}$ 的伪逆。

为使控制律(1-24)物理可实现，文献[91]基于拉普拉斯变换，将控制律

修正为

$$\boldsymbol{U}(s)=\boldsymbol{B}^{+}(\boldsymbol{A}_{\mathrm{m}}\boldsymbol{X}+\boldsymbol{B}_{\mathrm{m}}\boldsymbol{C}-\boldsymbol{A}\boldsymbol{X}-\boldsymbol{K}\boldsymbol{E})+\mathbf{UDE} \tag{1-25}$$

其中，**UDE**项用于估计系统的信号扰动和模型的不确定性。综合式(1-17)、式(1-24)与式(1-25)，可以得到

$$\begin{aligned}\mathbf{UDE}&=-\boldsymbol{B}^{+}[\boldsymbol{F}\boldsymbol{X}(s)+\boldsymbol{D}(s)]\\&\approx\boldsymbol{B}^{+}[(\boldsymbol{A}-s\boldsymbol{I})\boldsymbol{X}(s)+\boldsymbol{B}\boldsymbol{U}(s)]\boldsymbol{G}_{\mathrm{f}}(s)\end{aligned} \tag{1-26}$$

其中，$G_{\mathrm{f}}(s)$是个低通滤波器：

$$G_{\mathrm{f}}(s)=1/(1+T_{\mathrm{f}}s) \tag{1-27}$$

它使得控制律(1-26)物理可实现。滤波器时间常数 T_{f} 的整定应当尽量使滤波器的带宽 $1/T_{\mathrm{f}}$ 覆盖不确定性和外扰的频谱范围。

由上述原理介绍可以看出，基于 UDE 的控制方法充分利用了对象的模型信息，并将在模型之外的干扰和不确定性合并为一项，进行估计补偿，最终使状态输出跟踪预设的参考轨迹。

文献[92]揭示了 UDE 控制方法的二自由度特性，并详细讨论了 UDE 控制的设计方法。近五年来，UDE 控制方法已经在四旋翼飞行器[93]、伺服电机[94]、直升机[95]和航空发动机[96]对象上取得了成功的应用。

1.3　现代二自由度控制方法的特点

对比过去三十年来二自由度控制的发展历程，可以看出其问题描述、思想理念和处理手段都发生了很大的变化。

传统的二自由度控制利用 PID 控制器通过反馈来抑制外扰对输出的影响，然后基于设定值加权方法形成一个前置滤波器，被动调节设定值跟踪响应。

基于 DOB 的控制方法在经典的单自由度反馈控制结构基础上，以扰动观测器实时观测系统外扰并主动加以补偿，使其跟踪控制器可以根据成熟的伺服理论进行设计。相较于传统二自由度 PID，DOB 控制方法抗扰更为主动，跟踪设计更为简单灵活。

ADRC 控制方法创造性地提出了被控系统的“串联积分器”标准型形式，将标准型外的动态与系统外扰作统一处理，其跟踪设计则可以非常简单地基于标准型进行设计。

基于 UDE 的控制方法延续了 ADRC 统一处理系统总不确定性的思想，但充分利用了系统已有的模型信息来加强控制性能。

回顾二自由度控制理论的发展进程可以发现,“二自由度”一词的内涵已经经历了不同的认知。从传统的定义“二自由度依次调整两个闭环传递函数”到现在认知为“第一个自由度为不确定性补偿器,第二个自由度为跟踪控制器”,实现了控制理念的飞跃,在本书中,我们将其称之为“现代二自由度控制方法”。

现代二自由度控制方法着力解决“不确定性”这个自动控制的核心问题,又与以往的鲁棒控制不同。鲁棒控制方法往往需要事先建立对象模型和模型不确定性的界,然后根据最差情形,耗费很大计算量来设计控制器。而现代二自由度利用输入输出信号实时观测模型不确定性和外扰,是一种“在运动中捕捉战机,集中优势兵力,歼灭敌人的有生力量”的思想[97]。

需要说明的是,除了本章介绍的三种现代二自由度控制方法外,近年来也出现了一些其他相似的方法,如比例积分观测器(proportional-integral observer)[98]、等价输入干扰(equivalent input disturbance)[99]和无模型控制(model free control)[100]等方法。这些方法的思想与本章所列的三种方法大体类似,故本书主要讨论DOB,ADRC和UDE三种各有特色的现代二自由度控制方法。

近年来,基于不确定性补偿的二自由度控制理论与应用得到了国内外学界的广泛关注,例如2015年中国自动化学会控制理论专业委员会设立抗干扰控制及应用学组,2014年国际自控联大会和2016年美国控制会议均设立专题讨论组。国际期刊*ISA Transactions*和*IEEE Transactions on Industrial Electronics*分别在2014年和2015年出版了关于不确定性与干扰抑制的专刊[101-102],极大地促进了本领域的研究发展。

然而,需要指出的是,本章介绍的四种二自由度方法各有其优点和不足,在使用时应根据热工对象的特点和控制要求因地制宜地选择其中某个方法。

1.4　研究内容和技术路线

本书旨在将1.2节介绍的四种二自由度控制方法合理地应用到火电机组热工过程中,以期同时满足1.1节所述的三个方面的要求,并且满足1.2.1节所述的三个应用条件。

值得指出的是,1.2节介绍的三种现代二自由度控制方法起初都是针对最小相位过程提出的，目前针对复杂过程（如热工中常见的时滞过程、非最小相位过程、多变量过程等）的理论与应用研究还在进行中，三个算法的进度也处于不同的阶段。

另外值得注意的是，图 1.1 中有几种不确定性尚不能被目前的方法估计，如阶次不确定性和时滞时间不确定性。因此，这部分无法被估计的不确定性仍然要求系统满足一定的鲁棒性约束。本书采用 Åström 在专著[52]中推荐的最大灵敏度函数（maximum sensitivity function，M_S）作为鲁棒性指标。另一方面，由于量测噪声是可以被观测却无法被补偿的，即使系统中不存在阶次和时滞时间不确定性，不确定性补偿部分也不宜设计得过强，以避免控制量受噪声影响剧烈波动。

在理论研究方面，目前传统的二自由度 PID/PI 控制最为成熟。21 世纪初，Åström 就已经从理论上完成了在一定鲁棒性约束下的最优抗扰 PID/PI 整定方法[104-105]。但该方法基于非凸优化，求解过程和步骤非常复杂，且计算量非常庞大，不利于工程师所用。本书基于相对时滞裕度的概念，将原来的 PI 参数映射到一个新的坐标空间中，进而以拉格朗日乘子法达到了与原来非凸优化相似的效果，使该整定算法的计算复杂度大为下降。DOB 控制理论方面也较为成熟，目前已经被成功推广到时滞和非最小相位系统，本书将着重研究 DOB 方法在多变量系统中的解耦优势。ADRC 方法目前已经有针对时滞系统的改进结构[106]和稳定性分析结果[107]，本书将着重研究该改进结构的定量整定方法。另外，将 ADRC 方法应用于非最小相位对象的研究还十分有限[108]，对此，本书将提出一种基于前馈与改进 ESO 的新型控制结构。UDE 控制方法由于出现最晚，目前的研究仍然集中在运动控制领域，本书将会提出一种改进的 UDE 控制方法，以使其适应时滞系统。以上为本书主要的理论贡献，其中大部分算法将以仿真实例的方式加以验证。

在工程应用方面，鉴于各算法的研究现状和本研究小组的研究基础[109-111]，目前将 ADRC 及其改进算法应用到实际火电机组的条件最为成熟。因此，本书将着重研究 ADRC 工程化需要注意的问题，进而将其应用到火电机组的三个典型回路中。

最后，本书将针对多变量系统的不确定性补偿和二自由度控制做一些探索性研究。

本书的技术路线如图 1.5 所示。

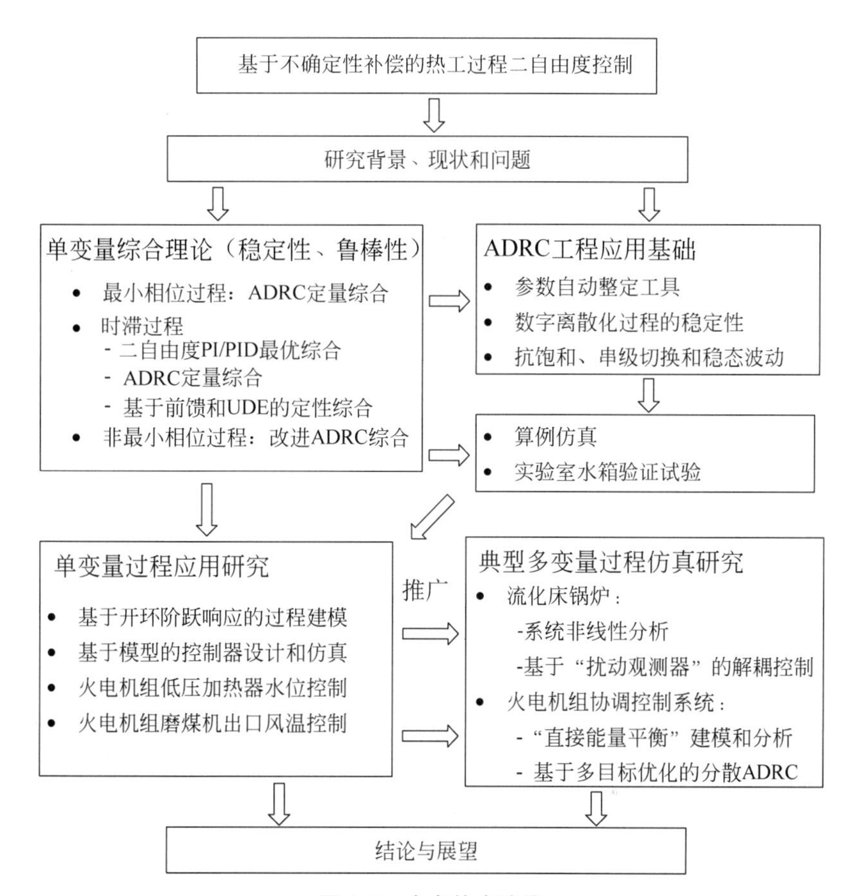
基于不确定性补偿的热工过程二自由度控制
研究背景、现状和问题
单变量综合理论（稳定性、鲁棒性）
• 最小相位过程：ADRC定量综合
• 时滞过程
- 二自由度PI/PID最优综合
- ADRC定量综合
- 基于前馈和UDE的定性综合
• 非最小相位过程：改进ADRC综合
ADRC工程应用基础
• 参数自动整定工具
• 数字离散化过程的稳定性
• 抗饱和、串级切换和稳态波动
• 算例仿真
• 实验室水箱验证试验
单变量过程应用研究
• 基于开环阶跃响应的过程建模
• 基于模型的控制器设计和仿真
• 火电机组低压加热器水位控制
• 火电机组磨煤机出口风温控制
推广
典型多变量过程仿真研究
• 流化床锅炉：
-系统非线性分析
-基于“扰动观测器”的解耦控制
• 火电机组协调控制系统：
- “直接能量平衡”建模和分析
- 基于多目标优化的分散ADRC
结论与展望

图 1.5　全书技术路线

第2章 单变量二自由度控制理论基础研究

绝大多数热工单变量过程为最小相位过程或时滞过程，部分热工过程具有一定的非最小相位特性（如汽包水位和除氧器水位）。目前对于最小相位过程的二自由度控制理论已经比较成熟，因此，本章将着重研究时滞系统的二自由度控制，从结构最简单的PI控制器到结构较简单的ADRC控制器，再到结构较复杂的UDE控制结构。最后，本章将针对非最小相位过程提出一种基于前馈和改进ESO的复合控制方案。

2.1 时滞过程二自由度PI的最优抗扰整定

2.1.1 研究背景

尽管在过去的60年里，控制理论取得了飞速的发展，但PID控制器仍然在工业界占据了主流地位。Åström在综述[112]中指出，目前工业中超过90%的回路仍为PID控制，而在这其中，大部分控制器实际上是PI控制器，因为工业中很少使用微分作用。在控制理论发展的进程中，PI控制器的整定已经由最初的Z-N整定法[113]逐步发展出了增益相位裕度法（gain-phase margin，GPM）[114]、简单内模控制法（simple internal model control，SIMC）[115]和模型参考法[116]等整定方法。

1998年，Åström与合作者指出，传统PI控制器难以同时达到跟踪和抗扰优化的目标，于是提出了一种基于鲁棒性约束的最优抗扰整定方法[104]，并将其命名为"最大灵敏度函数受限的积分增益最优化方法"（M_S-constrained integral gain optimization），简称"MIGO方法"。不同于以往基于经验性、启发式或近似性的方法，MIGO方法第一次以解析的方法得到了鲁棒性约束下的最优PI参数[117]。文献[117]进一步评论到，MIGO方法改变了当时PID控制研究的情形，使一个大家原以为很成熟的研究领域重新恢复了活力。然而MIGO方法需要用到复杂的非凸优化方法，求解步骤烦冗，计算量庞大，不易于工程师理解和接受。

本节旨在提出一种具有低算法复杂度的解析最优整定方法，为此，先介绍如下背景知识。

MIGO 方法采用的是一种引入设定值加权的 PI 控制器：

$$u(t)=k_{\mathrm{p}}\left[(br-y)+\frac{1}{T_{\mathrm{i}}}\int_{0}^{t}(r-y)\mathrm{d}t\right] \tag{2-1}$$

其中，k_{p} 为比例增益，T_{i} 为积分时间，b 为设定值 r 的加权系数，其他变量的定义同图 1.2。式(2-1)所示的时域控制律可以被转化为如图 1.3 所示的基于频域描述的二自由度控制结构，其中反馈控制器为

$$G_{\mathrm{c}}(s)=k_{\mathrm{p}}\left(1+\frac{1}{T_{\mathrm{i}}s}\right) \tag{2-2}$$

前置滤波器为

$$F(s)=\frac{bT_{\mathrm{i}}s+1}{T_{\mathrm{i}}s+1} \tag{2-3}$$

在二自由度 PI 设计过程中，$G_{\mathrm{c}}(s)$设计的目标为达到最优的抗扰性能。综合式(1-3)和式(2-3)可以看出，二自由度 PI 的设定值输出响应可以通过调整 b 的大小来灵活地调节。通常，b 的大小应设置在 0～1。

目前，绝大多数 PI 参数整定文献都是基于一阶惯性纯滞后(first order plus time delay，FOPTD)模型：

$$G_{\mathrm{P}}(s)=\frac{K}{1+Ts}\mathrm{e}^{-Ls} \tag{2-4}$$

其中，K 为过程增益，T 为惯性时间，一般有 $T>0$，L 为时滞时间。为了方便，本节的研究亦将基于这一经典模型。

2.1.2　问题描述

文献[104]指出，PI 控制系统在低频范围内的抗扰能力与积分增益 k_{i} 成正比，对单位阶跃扰动响应，更是存在如下的简单关系：

$$\mathrm{IE}=\int_{0}^{\infty}[r(t)-y(t)]\mathrm{d}t=\frac{T_{\mathrm{i}}}{k_{\mathrm{p}}}=\frac{1}{k_{\mathrm{i}}} \tag{2-5}$$

IE 为抗扰过程中的控制偏差的积分。目前在过程控制中普遍采用的鲁棒性指标为最大灵敏度函数 M_{S}，其定义为

$$M_{\mathrm{S}}=\max_{\omega}|S(\mathrm{i}\omega)|=\max_{\omega}\left|\frac{1}{1+G_{\mathrm{P}}(\mathrm{i}\omega)G_{\mathrm{c}}(\mathrm{i}\omega)}\right| \tag{2-6}$$

通过该定义可以看出，M_{S} 的物理意义为系统开环奈奎斯特曲线与(−1，j0)点最近距离的倒数，如图 2.1 中的 s_{m} 所示。因此，M_{S} 越小，对应的鲁棒性

越强,一般建议 M_S 的合理范围为 1.2～2.0[52]。图 2.1 中的其他变量已经在图题下方定义。

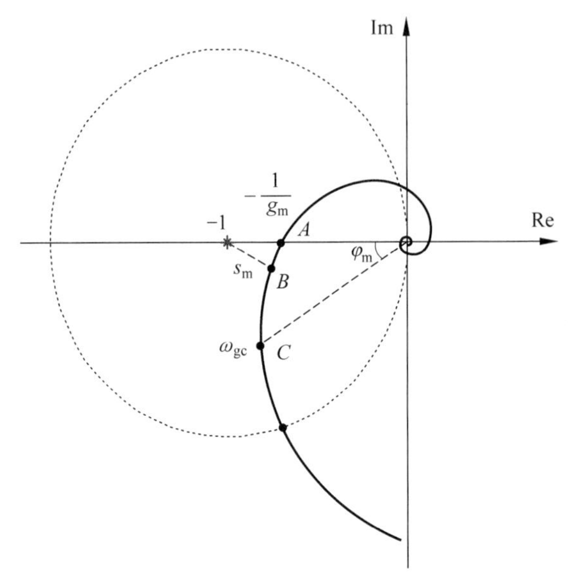

图 2.1　开环传递函数奈奎斯特图

g_m：增益裕度；φ_m：相位裕度；ω_{gc}：增益剪切频率

文献[104]指出,若将系统的鲁棒性指标设置在合理的水平上(如 $M_S \leqslant 2.0$),则存在式(2-5)定义的误差积分 IE 近似等于误差绝对值积分 IAE,即

$$\mathrm{IE} \approx \mathrm{IAE} = \int_0^{\infty} |r(t) - y(t)| \, \mathrm{d}t, \quad M_S \leqslant 2.0 \tag{2-7}$$

由式(2-7)可见,限制 M_S 为一个小于 2 的值,不但可以保证鲁棒性,还可以使用 IE 指标作为抗扰优化的目标函数,这使解析求解抗扰最优 PI 参数成为可能。由于最小化 IE 等同于最大化积分增益,文献[104]构造了如下的约束优化问题:

$$\begin{aligned} &\max\ k_i \\ &\text{s.t.}\ M_S = c \end{aligned} \tag{2-8}$$

其中,c 为一个在 1.2～2 的数值。求解优化问题(2-8)的主要难点在于处理 M_S 约束,原因如下:

(1) M_S 是一个闭环指标,当对象含有时滞时,M_S 表达式的分母项中

将含有超越函数，这一点给分析求解带来很大困难；

(2) 从定义式(2-7)可以看出，优化问题式(2-8)的约束其实是由无穷个不等式组成的，它要求在任意的频率 ω 下，灵敏度函数的幅值小于一个常数。这将给优化求解带来极大的困难。

文献[52]和文献[104]中借助于复杂的非凸优化方法求解出式(2-8)的解，这里不再赘述，下文将介绍一种简单的求解方法。

2.1.3 一个新的鲁棒性指标——相对时滞裕度

为避开传统鲁棒性指标 M_S 带来的分析难度，本节提出一种新的鲁棒性指标——相对时滞裕度(relative delay margin，R_{dm})，定义如下：

$$R_{dm}=\frac{\varphi_m}{\omega_{gc}L} \tag{2-9}$$

其中，相位裕度与增益剪切频率的比 φ_m/ω_{gc} 是时滞裕度，即系统稳定所能容忍的最大时滞变化量，它与标称时滞时间 L 的比即为相对时滞裕度。选择相对时滞裕度作为鲁棒性指标的原因如下：

(1) 许多先进控制方法可以很好地处理恒定大时滞问题和多项式参数不确定的问题，但当面临不确定时滞时都难以维持很好的性能，甚至导致失稳。相比于系统其他不确定参数，时滞不确定性对控制系统的鲁棒性要求是最难的。因此，有必要直接采用相对时滞裕度作为控制系统的鲁棒性指标。这是本书采用 R_{dm} 作为鲁棒性指标的直接原因。

(2) 相对时滞裕度 R_{dm} 是一个无量纲数，其分子是传统的鲁棒性指标——相位裕度。通常认为，分母所含的增益剪切频率与性能指标——闭环带宽密切相关。

(3) 不同于传统的鲁棒性指标 M_S，R_{dm} 是一个开环指标，计算 R_{dm} 所需的所有信息都可以在开环奈奎斯特图上获得，而且就是在一个单点 C 上，如图2.1所示。

(4) 更重要的是，PI控制器的两个参数可以严格地转化为 R_{dm} 的分子和分母式的函数形式，这将给优化求解带来极大的便利。这点具体将在下一节体现。

2.1.4 PI控制器参数变换和稳定域计算

综合式(2-2)和式(2-4)可以得到系统的开环传递函数：

$$G_L(s)=\left(k_p+\frac{k_i}{s}\right)\frac{K}{1+Ts}e^{-Ls} \tag{2-10}$$

注意前置滤波器 $F(s)$并没有出现在式(2-10)中,因其仅影响系统闭环跟踪响应,并不影响系统开环传递函数和闭环抗扰响应。

由于图 2.1 中的点 C 到原点的距离为 1,因此,其坐标可以被表示为

$$x_c=-\cos\varphi_m-i\sin\varphi_m \tag{2-11}$$

而开环传递函数(2-10)的奈奎斯特轨迹曲线可以表示为

$$G_L(i\omega)=\mathrm{Re}\omega+i\mathrm{Im}\omega \tag{2-12}$$

其中,实部和虚部可以分别表示为

$$\mathrm{Re}\omega=Kk_p\frac{\cos(L\omega)-T\omega\sin(L\omega)}{T^2\omega^2+1}-Kk_i\frac{\sin(L\omega)+T\omega\cos(L\omega)}{\omega(T^2\omega^2+1)} \tag{2-13}$$

$$\mathrm{Im}\omega=-Kk_p\frac{\sin(L\omega)+T\omega\cos(L\omega)}{T^2\omega^2+1}-Kk_i\frac{\cos(L\omega)-T\omega\sin(L\omega)}{\omega(T^2\omega^2+1)} \tag{2-14}$$

值得注意的是,式(2-13)和式(2-14)可视为 k_p 和 k_i 的线性组合。再将式(2-11)和式(2-12)等价,可得如下方程组:

$$\begin{cases}Kk_p\dfrac{L(L\cos a-Ta\sin a)}{L^2+T^2a^2}-Kk_i\dfrac{L^2(L\sin a+Ta\cos a)}{a(L^2+T^2a^2)}=-\cos\varphi_m\\-Kk_p\dfrac{L(L\sin a+Ta\cos a)}{L^2+T^2a^2}-Kk_i\dfrac{L^2(L\cos a-Ta\sin a)}{a(L^2+T^2a^2)}=-\sin\varphi_m\end{cases} \tag{2-15}$$

其中,为简便计算,引入了 $a=\omega L$,这是一个无量纲数。

通过求解方程组(2-15)以及一系列复杂的三角变换,可将控制器参数表达为如下形式:

$$\begin{cases}k_pK=\dfrac{T}{L}a\sin(\varphi_m+a)-\cos(\varphi_m+a)\\k_iKL=a\sin(\varphi_m+a)+\dfrac{T}{L}a^2\cos(\varphi_m+a)\end{cases} \tag{2-16}$$

相应地,可将积分时间表达为

$$\frac{T_i}{L}=\frac{aT\tan(\varphi_m+a)-L}{aL\tan(\varphi_m+a)+a^2T} \tag{2-17}$$

从式(2-16)和式(2-17)可以看出,对于一个给定的过程模型(2-4),PI 控制器参数仅取决于参数 φ_m 和 a,而这其实就是相对时滞裕度 R_{dm} 的分子和分母。

在推导式(2-16)和式(2-17)的过程中,没有做任何近似处理,而目前文献报道的主流参数整定公式均存在一定程度的近似,如 GPM 方法[114]需要

对三角正切反函数作近似，SIMC方法[115]需要对时滞项作近似。基于式(2-16)和式(2-17)，存在如下结论：

(1) 减小φ_m或增大a，可以得到一个较大的积分增益k_i，但鲁棒性会变差。

(2) 对一个惯性主导的过程，也就是T/L较大的过程，k_i取决于$a^2\cos(\varphi_m+a)$。因此，一个较大的φ_m将不利于抗扰。

(3) 对一个时滞主导的过程，也就是T/L较小的过程，k_i取决于$a\sin(\varphi_m+a)$。因此，一个接近于$\pi/2$的(φ_m+a)将有利于抗扰。

2.1.5 PI控制器参数稳定域求解

求解最优PI控制器参数一般需要知道参数稳定域，以确保在稳定空间中寻找最优解。然而由于FOPDT模型具有时滞项，系统闭环传递函数具有无穷多个根，使得经典的劳斯判据难以用于求解时滞过程的参数稳定域。这个问题直到21世纪初才在文献[119]和文献[120]中解决，然而其求解过程较为复杂，需要深厚的数学功底才能理解。本节将基于式(2-16)，首先将k_p-k_i参数空间转换到φ_m-a参数空间，在φ_m-a空间下求解参数稳定域的难度则小得多。

需要指出的是，a不仅是R_{dm}的分母，也是时滞项e^{-Ls}的相位滞后量。而惯性项$1/(1+Ts)$的相位滞后可以被表示为$\arctan(aT/L)$。这些性质将在后面的推导证明中被应用。下面介绍一个引理。

引理1：对稳定被控对象(2-4)，即$T>0$，假设增益$K>0$，那么不等式$k_i\geqslant 0$是PI反馈控制系统稳定的一个必要条件。

证明：代入对象模型(2-4)和控制器(2-2)可得，系统闭环传递函数为

$$G_{CL}=\frac{G_cG_P}{1+G_cG_P}=\frac{\left(k_p+\frac{k_i}{s}\right)\frac{K}{1+Ts}e^{-Ls}}{1+\left(k_p+\frac{k_i}{s}\right)\frac{K}{1+Ts}e^{-Ls}}=\frac{Kk_ps+Kk_i}{(1+Ts)se^{Ls}+Kk_ps+Kk_i} \tag{2-18}$$

因此，系统的特征方程为

$$\delta(s)=(1+Ts)se^{Ls}+Kk_ps+Kk_i \tag{2-19}$$

显然，如果$k_i<0$，那么$\delta(s)$将会含有正根。因此，$k_i\geqslant 0$是PI反馈控制系统稳定的一个必要条件。下面给出充分必要条件。

定理1：对稳定被控对象(2-4)，即$T>0$，假设增益$K>0$，那么PI反馈控制系统稳定当且仅当

$$\varphi_{\mathrm{m}} \geqslant 0, \quad a \geqslant 0, \quad a + \arctan\left(\frac{aT}{L}\right) + \varphi_{\mathrm{m}} \leqslant \pi \tag{2-20}$$

定理1的证明过程见附录。

由证明过程可以看出，在新的参数空间下，稳定性条件的数学推导和最终结论都很简单，且易于应用。另一方面，基于定理1，也可以很方便地导出原始参数空间下的稳定域，即

定理2：对稳定被控对象(2-4)，即$T>0$，假设增益$K>0$，那么PI控制系统稳定的充分必要条件为

$$-\frac{1}{K} < k_{\mathrm{p}} < \frac{1}{K}\left(\frac{T}{L}\alpha\sin\alpha - \cos\alpha\right) \tag{2-21}$$

其中，α是方程(2-22)在$(\pi/2,\pi)$区间内的解，

$$\tan\alpha = -\frac{T}{L}\alpha \tag{2-22}$$

对在式(2-22)所示的区间中给定的k_{p}，积分增益k_{i}的稳定区间为

$$0 \leqslant k_{\mathrm{i}} < \frac{z}{KL}\left(\sin z + \frac{T}{L}z\cos z\right) \tag{2-23}$$

其中，z是方程(2-24)在区间$(0,\alpha)$内的解，

$$k_{\mathrm{p}}K + \cos z - \frac{T}{L}z\sin z = 0 \tag{2-24}$$

定理2的证明过程见附录。

定理2的结论与文献[120]一致，但是证明过程较为简单，且无需借助复杂的数学工具。比较定理2和定理1可以发现，基于φ_{m}-a参数空间的稳定域描述比在原始k_{p}-k_{i}参数空间下简洁很多，求解稳定域的计算复杂度亦大幅下降。

下面，根据定理1和定理2来计算稳定域，考虑一个FOPDT过程：

$$G_{\mathrm{P}}(s) = \frac{1}{1+15s}\mathrm{e}^{-s} \tag{2-25}$$

根据式(2-20)，基于φ_{m}-a空间的参数稳定域如图2.2所示。在φ_{m}-a稳定域中，依据式(2-9)，$R_{\mathrm{dm}}=1.63$为一条斜线。根据定理2，可以计算出基于k_{p}-k_{i}空间的参数稳定域，如图2.3中的实线所示。该稳定域也可以方便地由图2.2根据参数坐标变换式(2-16)映射得到。图2.3中的紫色虚线表示$R_{\mathrm{dm}}=1.63$的轨迹曲线。

根据文献[104]中介绍的MIGO求解方法，图2.3画出了无穷多的椭圆以及这些椭圆顶点的轨迹连线，该轨迹曲线的顶点即是约束优化问题(2-8)在

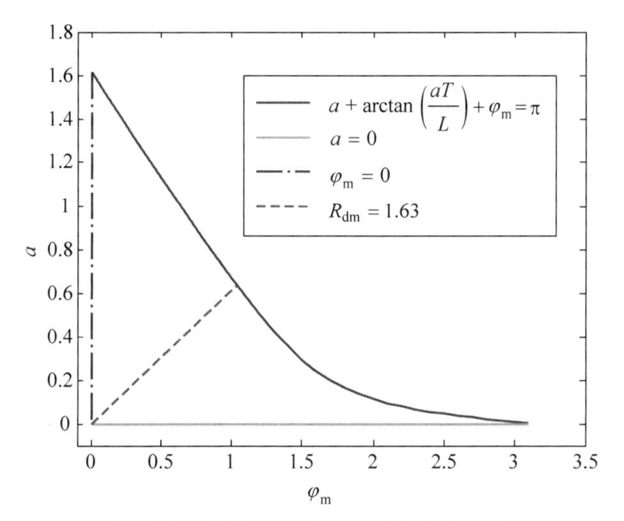

图 2.2　基于 φ_m-a 空间的参数稳定域

Reprinted from Sun L, Li D, Lee K Y, Optimal disturbance rejection for PI controller with constraints on relative delay margin, ISA Transactions, 2016, 63: 103-111, Copyright (2016), with permission from Elsevier.

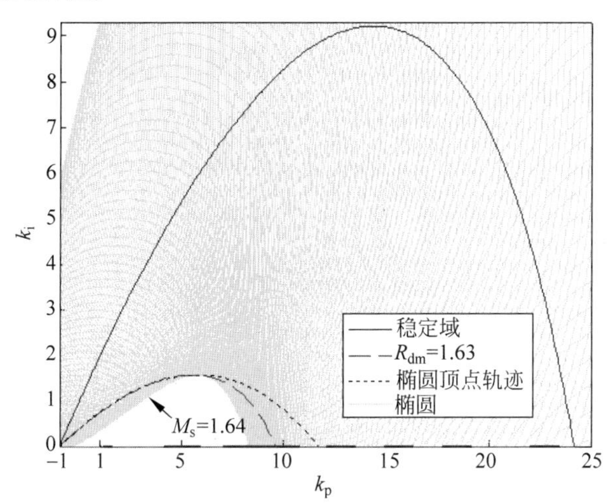

图 2.3　基于 k_p-k_i 空间的参数稳定域(前附彩图)

Reprinted from Sun L, Li D, Lee K Y, Optimal disturbance rejection for PI controller with constraints on relative delay margin, ISA Transactions, 2016, 63: 103-111, Copyright (2016), with permission from Elsevier.

稳定域内的最优点，对应着 $M_S=1.64$ 约束下的最大积分增益 k_i 值。值得注意的是，MIGO 的最优点与 $R_{dm}=1.63$ 约束下的最大积分增益点重合。也就是说，基于相对时滞裕度约束的积分增益最优化问题得到了与基于最大灵敏度函数约束的积分增益最优化问题(MIGO)同样的解。显然，前者的图解过程比后者简单得多。

2.1.6 基于时滞鲁棒性约束的优化问题

通过以上几节对相对时滞裕度 R_{dm} 的相关讨论，我们构造了以 R_{dm} 受限约束的积分增益 k_i 最大化问题，考虑式(2-9)和式(2-16)，得到

$$\max a\sin(\varphi_m + a) + \frac{T}{L}a^2\cos(\varphi_m + a)$$
$$\text{s. t. } \varphi_m = a r_{dm} \tag{2-26}$$

其中，r_{dm} 是一个具体的相对时滞裕度值。显然，该优化问题的求解非常方便，可直接将约束条件代入目标方程通过导数法求解，即

$$\frac{d}{da}\left[a\sin((r_{dm}+1)a) + \frac{T}{L}a^2\cos((r_{dm}+1)a)\right] = 0 \tag{2-27}$$

展开可得

$$\sin(a(r_{dm}+1)) + a\cos(a(r_{dm}+1))(r_{dm}+1) + \\ \frac{2Ta\cos(a(r_{dm}+1))}{L} - \frac{Ta^2\sin(a(r_{dm}+1))(r_{dm}+1)}{L} = 0 \tag{2-28}$$

方程(2-28)的根在区间 $[0,\beta]$ 内通过数值方法很容易得到。上界值 β 可以基于稳定性条件(2-20)得到，即

$$\beta + \arctan\left(\frac{\beta T}{L}\right) + \beta r_{dm} = \pi \tag{2-29}$$

值得注意的是，方程(2-29)的左边为一个单调函数。

本书将上述求解方法命名为“基于时滞鲁棒性的优化方法”(delay robustness based optimization，DRO)。DRO 也可以被诠释为“面向抗扰的最优化”(disturbance rejection oriented optimization)。显然，DRO 方法求解鲁棒最优解的过程比 MIGO 方法容易很多。

将控制器参数式(2-16)和过程模型(2-4)代入开环传递函数式(2-10)，可得：

$$G_L(\tilde{s}) = \left[\frac{T}{L}a\sin(\varphi_m + a) - \cos(\varphi_m + a) + \\ \frac{a\sin(\varphi_m + a) + \frac{T}{L}a^2\cos(\varphi_m + a)}{\tilde{s}}\right]\frac{1}{1+\frac{T}{L}\tilde{s}}e^{-\tilde{s}} \tag{2-30}$$

其中，$\tilde{s} = Ls$ 为正则化参数。显然，系统的开环传递函数及其对应的所有性能指标仅取决于过程特性 T/L 以及控制参数 φ_m 和 a，这就是参数正则化

带来的好处。为方便研究，我们定义如下的正则化时滞时间：

$$\tau=\frac{L}{T+L} \tag{2-31}$$

显然，τ 越接近于 1，过程的时滞效应越明显；τ 越接近于 0，过程越被惯性特性所主导。

进一步地，如果 φ_{m} 和 a 是由 DRO 方法(2-28)确定的，那么系统的开环传递函数将只取决于预设的相对时滞裕度 r_{dm} 和过程特性 τ。图 2.4 显示了

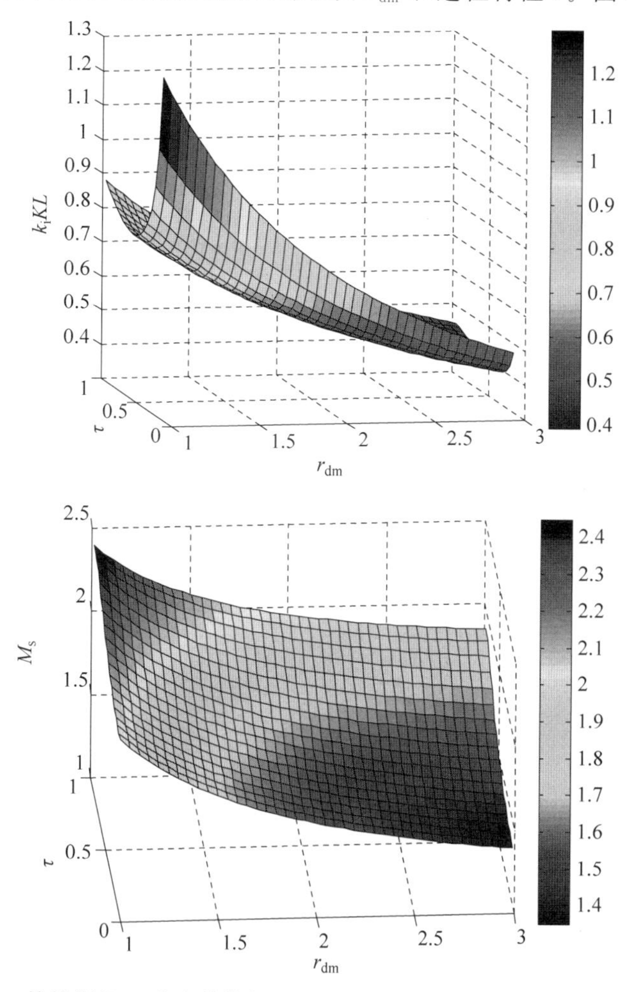

图 2.4　抗扰指标 k_i 和鲁棒指标 M_S 关于 τ 和 r_{dm} 的空间分布(前附彩图)

系统的抗扰指标 k_i 和鲁棒指标 M_S 依自变量 τ 和 r_{dm} 的空间分布图。图 2.5 显示了在某个确定的时滞参数 τ 下，各种性能和鲁棒性指标随 r_{dm} 变化的趋势。图中的 M_T 为最大补灵敏度函数：

$$M_T = \max_{\omega} \mid T(\mathrm{i}\omega) \mid = \max_{\omega} \left| \frac{G_P(\mathrm{i}\omega)G_c(\mathrm{i}\omega)}{1+G_P(\mathrm{i}\omega)G_c(\mathrm{i}\omega)} \right| \tag{2-32}$$

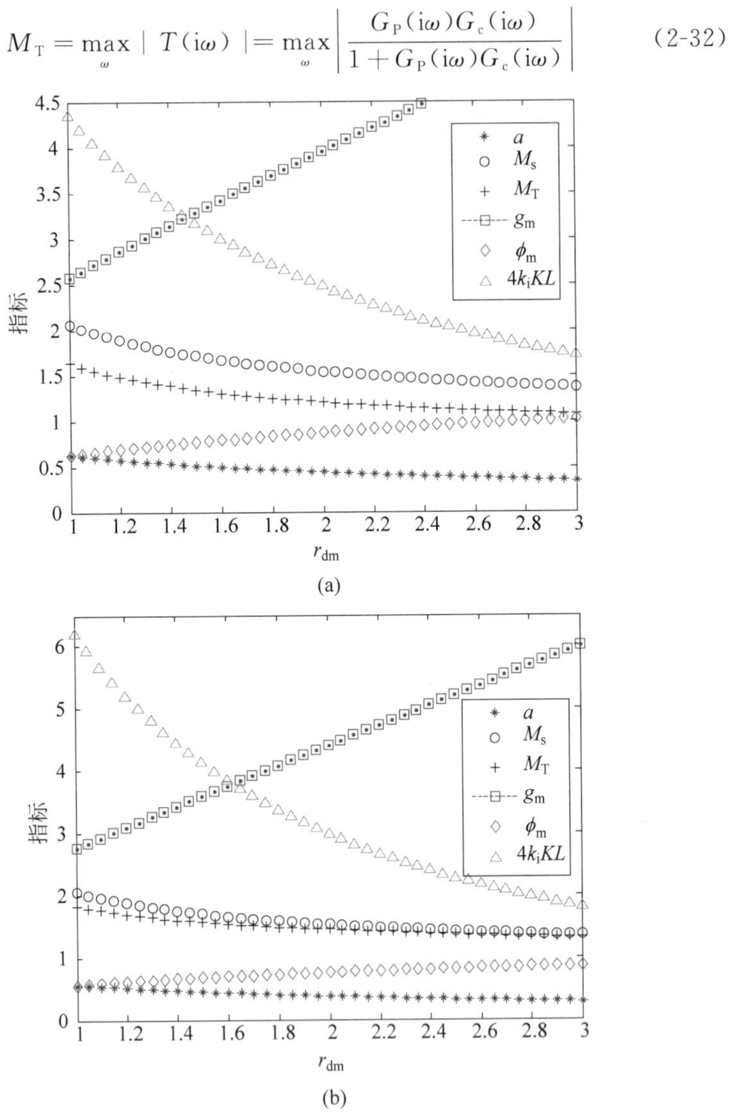

图 2.5 一些基于 DRO 方法的性能和鲁棒性指标

(a) $\tau=0.2$；(b) $\tau=0.05$

Reprinted from Sun L, Li D, Lee K Y, Optimal disturbance rejection for PI controller with constraints on relative delay margin, ISA Transactions, 2016, 63: 103-111, Copyright (2016), with permission from Elsevier.

M_T 越小，系统的鲁棒稳定性越好[52]。

由图 2.4 和图 2.5 可以看出，随着 r_{dm} 的逐渐增大，系统的性能指标（增益剪切频率 a 和积分增益 k_i）逐渐变差，其他鲁棒性指标则逐渐变好。为方便工程应用，我们选择不同的 r_{dm}，使 DRO 计算得出的参数在不同时滞区间内的抗扰响应快速而无超调，以使 IE=IAE。表 2.1 给出了在各区间内计算的参数平均值。表中 b 值由手动调节确定，以达到合理的设定值跟踪性能。该表格可以结合式(2-16)快速整定 PI 控制参数。

文献[118]指出，对于时滞系统反馈设计，总是存在 $\omega_{gc}L<1$，表 2.1 实际上是针对不同的时滞时间给出了更为具体的参考建议值。

表 2.1　DRO 最优整定法的推荐参数

参数	$\tau\leqslant 0.05$	$0.05\leqslant\tau<0.1$	$0.1\leqslant\tau<0.3$	$\tau\geqslant 0.3$
φ_m	0.73	0.80	0.94	1.05
a	0.47	0.48	0.50	0.52
b	0.6	0.6	0.6	1

2.1.7　仿真例子

下面通过一个简单的例子来说明本书提出的方法的有效性。考虑如下的 FOPDT 模型[121]：

$$G_P(s)=\frac{1.895}{3.201s+1}e^{-0.961s} \tag{2-33}$$

基于该模型，采用表 2.1 的推荐参数整定了 PI 控制器参数。同时，还将 Jin 与 Liu[121] 提出的闭环成形方法、文献[52]提出的近似 MIGO(approximate MIGO, AMIGO)方法、文献[115]提出的 SIMC 方法与本书方法进行了对比，对比结果参数如表 2.2 和图 2.6 所示。在仿真中，我们在 1 s 时刻点加入一个单位阶跃跟踪指令，在 20 s 时刻点加入一个单位阶跃输入扰动。表 2.2 中的 IAE_{sp} 和 IAE_{ld} 分别为跟踪过程和抗扰过程中的误差绝对值积分 IAE。

表 2.2 各方法参数和性能对比

方法	b	k_p	T_i	M_S	IAE_{sp}	IAE_{ld}
Jin/Liu	0.5	0.83	2.65	1.60	2.54	3.19
AMIGO	1	0.38	2.72	1.23	3.93	7.12
SIMC	1	0.88	3.20	1.59	2.35	3.64
DRO	0.6	0.80	2.41	1.60	2.69	3.01

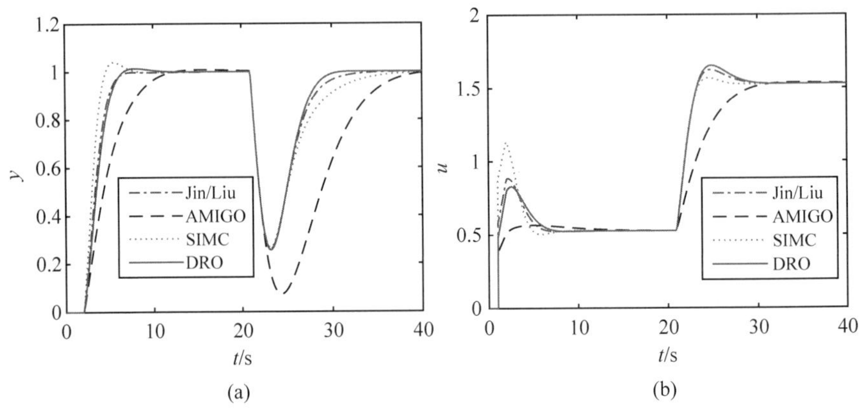

图 2.6 各类 PI 控制器的控制仿真曲线对比

(a) 被控输出；(b) 控制输出

由对比结果可见，本节提出的 DRO 方法达到了最好的抗扰效果，跟踪响应也比较合理，因此验证了理论的正确性。更多的仿真结果可以参见文献[122]。

2.2 时滞过程的改进一阶 ADRC 控制及定量整定

2.2.1 时滞 ADRC 结构

1.2.5 节介绍的 ADRC 方法是基于最小相位过程提出的，并未考虑热工过程中普遍存在的时滞特性。为此，韩京清研究员[106]提出了几种处理方法。其中,输入时滞法的结构比较简单,如图2.7所示。相比原始控制结构,其改进之处仅在于控制输入端到ESO入口的通道中添加了一个时滞环节,其中的时滞数值可选取过程模型的时滞时间,我们称这种方法为"时滞ADRC"(time delay ADRC,TD-ADRC)。文献[107]分析了TD-ADRC在时滞时间匹配时的稳定性,并通过算例验证了该结构对于时滞过程的有效性。

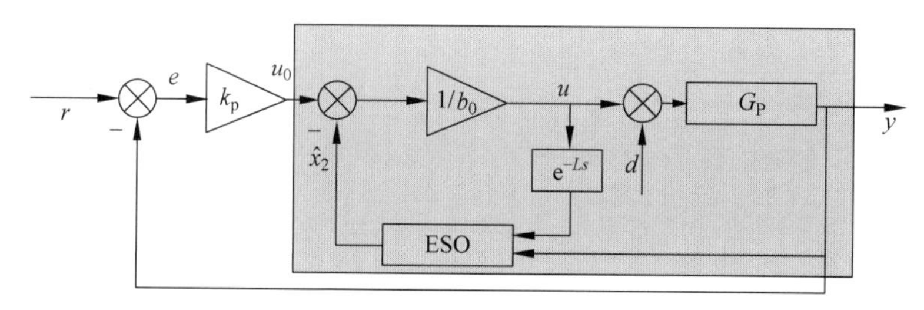

图2.7　针对时滞过程的一阶ADRC改进结构

本书将基于FOPDT模型(2-4)研究TD-ADRC的定量整定方法。

2.2.2　补偿对象回路近似分析与ω_o整定

针对一阶过程($n=1$),根据ESO状态方程式(1-10)可得其特征方程为

$$s^2+l_1 s+l_2=0 \tag{2-34}$$

为便于整定,文献[80]建议将ESO的极点配置在$-\omega_o$处,这样ESO的增益参数可按下式进行整定:

$$l_1=2\omega_o,\quad l_2=\omega_o^2 \tag{2-35}$$

对于一阶ADRC,传统的思路是将对象先补偿为一个简单的积分器(从$u_0\sim y$),然后设计比例反馈控制器。然而对于FOPDT对象,由于时滞无法被补偿,所以对象是绝不可能被补偿为积分器的。首先,我们基于常规逻辑,设计控制器参数$b_0=K/T$,然后基于复杂的传递函数变换,计算TD-ADRC控制FOPDT过程的补偿对象模型,即从u_0到y的强化对象(enhanced plant,EP)的等效传递函数:

$$G_{EP}=\frac{T(s+\omega_o)^2 e^{-Ls}}{Ts^3+(2T\omega_o+1)s^2+(T\omega_o^2+2\omega_o)s+\omega_o^2(1-e^{-Ls})} \tag{2-36}$$

值得注意的是,$\lim\limits_{s\to 0}G_{EP}=\infty$,这意味着强化对象有至少一个极点在原点上,这样可以保证闭环系统稳态无差。考虑到该式比较复杂,难以进行下一步分析,我们考察

$$\lim_{s\to 0}\frac{G_{\mathrm{EP}}}{1/s}=\frac{T(s+\omega_{\mathrm{o}})^{2}\mathrm{e}^{-Ls}}{Ts^{2}+(2T\omega_{\mathrm{o}}+1)s+(T\omega_{\mathrm{o}}^{2}+2\omega_{\mathrm{o}})+\omega_{\mathrm{o}}^{2}(1-\mathrm{e}^{-Ls})/s}\tag{2-37}$$

由于

$$\lim_{s\to 0}\frac{1-\mathrm{e}^{-Ls}}{s}=\frac{1-(1-Ls)}{s}=L\tag{2-38}$$

所以存在

$$\lim_{s\to 0}\frac{G_{\mathrm{EP}}}{1/s}=\frac{T\omega_{\mathrm{o}}}{(T+L)\omega_{\mathrm{o}}+2}\mathrm{e}^{-Ls}\tag{2-39}$$

由此，补偿对象的传递函数式(2-36)在低频范围内可以被近似为

$$G_{\mathrm{EP}}\approx\frac{k_{\mathrm{e}}}{s}\mathrm{e}^{-Ls}\tag{2-40}$$

其中，$k_{\mathrm{e}}=\dfrac{T\omega_{\mathrm{o}}}{(T+L)\omega_{\mathrm{o}}+2}$。

本节给出一个整定 ω_{o} 经验性公式：

$$\omega_{\mathrm{o}}=\frac{k_{\omega}}{T}\tag{2-41}$$

该公式的物理意义在于使 ESO 的观测带宽等于被控对象带宽的 k_{ω} 倍，k_{ω} 的选择应该满足：①尽快跟踪进入系统中的扰动；②应保证补偿对象对时滞不确定性和阶次不确定性的鲁棒性。这是目前 TD-ADRC 设计的必然要求，目前设计的前提是假设对象阶次已知(一阶)和时滞时间已知。文献[123]的初步研究指出，时滞和阶次不匹配会影响 ESO 的工作效率。进一步地，由于补偿对象本身是由 ESO 反馈形成的，时滞和阶次不匹配甚至会影响补偿对象本身的稳定性。一种常用的方法是限制其最大灵敏度函数，也就是

$$M_{\mathrm{S}}=\max_{\omega}|S(\mathrm{i}\omega)|=\max_{\omega}\left|\frac{1}{1+G_{\mathrm{EP}}^{\mathrm{o}}(\mathrm{i}\omega)}\right|\tag{2-42}$$

其中，L 为补偿对象部分的开环传递函数：

$$G_{\mathrm{EP}}^{\mathrm{o}}(s)=\frac{T\omega_{\mathrm{o}}^{2}s}{(Ts+1)[s^{2}+2\omega_{\mathrm{o}}s+\omega_{\mathrm{o}}^{2}(1-\mathrm{e}^{-Ls})]}\mathrm{e}^{-Ls}\tag{2-43}$$

根据 M_{S} 的定义式及其物理意义，一种限制 M_{S} 的方法是调整 k_{ω} 使开环传递函数的奈奎斯特曲线恰好与以(−1,j0)为圆心、$1/M_{\mathrm{S}}$ 为半径的圆相切，文献[52]将这种方法称为“鲁棒回路成型”(robust loop shaping)。为得到合理的鲁棒性($M_{\mathrm{S}}\leqslant 2.0$)，本书基于大量仿真，建议将 k_{ω} 初值设为 20。

2.2.3　基于预期动态的 k_p 参数整定

基于补偿对象的近似式(2-40)，可以求得 TD-ADRC 的开环传递函数：

$$G_{OP}(s) \approx \frac{k_p k_e}{s} e^{-Ls} \tag{2-44}$$

因此，闭环传递函数可以表示为

$$G_{CL}(s) = \frac{k_p k_e}{s + k_p k_e e^{-Ls}} e^{-Ls} \approx \frac{k_p k_e}{s + k_p k_e (1 - Ls)} e^{-Ls} = \frac{1}{1 + \left(\frac{1}{k_p k_e} - L\right) s} e^{-Ls} \tag{2-45}$$

这就是说，闭环系统在低频范围内可以被表示为 FOPDT 环节，其惯性时间可以通过比例增益 k_p 调节。因此，可以将滞后时间 L 作为系统的特征时间，设计系统的预期跟踪响应为

$$G_{CL}^d(s) = \frac{1}{1 + \lambda L s} e^{-Ls} \tag{2-46}$$

值得注意的是，这种基于闭环传递函数预期动态的整定思想与目前基于内模控制的 PI 整定方法[115]非常相似。为达到平衡性能和鲁棒性的目的，文献[115]推荐 $\lambda=1$。然而，当工业过程中存在较大的不确定性时，我们推荐 $\lambda=3$ 甚至更大。综合式(2-45)和式(2-46)，可得整定公式为

$$k_p = \frac{1}{k_e(\lambda + 1)L} \tag{2-47}$$

综合上文，可以得到 TD-ADRC 的整定公式如下：

$$b_0 = \frac{K}{T}, \quad \omega_o = \frac{k_\omega}{T}, \quad k_p = \frac{1}{k_e(\lambda + 1)L} \tag{2-48}$$

这样，就将原来难于整定的 k_p 和 ω_o 转化为易于整定且有明确的物理意义的 k_ω 和 λ。推荐设置初值 $k_\omega=20$，$\lambda=1\sim4$，使用时可在对控制性能和鲁棒性权衡后确定。为达到期望的鲁棒性，λ 可以根据整体闭环控制系统的最大灵敏度函数作进一步微调。将如图 2.7 所示的控制系统化为如图 1.3 所示的二自由度控制结构，可得其反馈控制器和前置滤波器分别为

$$G_c = \frac{k_p s^2 + (\omega_o^2 + 2k_p\omega_o)s + k_p\omega_o^2}{b_0 s^2 + (2b_0\omega_o)s + b_0\omega_o^2(1 - e^{-Ls})} \tag{2-49}$$

$$F = \frac{k_p s^2 + (2k_p\omega_o)s + k_p\omega_o^2}{k_p s^2 + (\omega_o^2 + 2k_p\omega_o)s + k_p\omega_o^2} \tag{2-50}$$

基于式(2-49)和式(2-50)，闭环控制系统的 M_S 可根据其定义式(2-6)计算。

需要注意的是，整体闭环控制系统的 M_S 不同于 2.2.2 节提及的补偿对象的 M_S，在使用时应加以区分。通常，为获得较好的补偿对象和整体闭环系统鲁棒性，可适当减小 k_ω 并增大 λ。

值得注意的是，在推导式(2-48)的过程中使用了一些近似技巧，这是为了分析上的简便和整定公式的简洁。下面我们将通过一个仿真来说明这些近似的合理性。

2.2.4　仿真例子

本节基于 2.1.7 节的 FOPDT 模型，比较本书所提的 TD-ADRC 方法与文献[115]提出的 SIMC 方法在设定值跟踪、扰动抑制和鲁棒性方面的相似和不同之处。

首先，设置初始参数为 $k_\omega=20$。为检验近似公式(2-40)的合理性，图 2.8 比较了原始补偿对象(2-36)和近似后对象(2-40)的频域响应曲线。可以看出，二者的近似精度可以保持在相当宽的低频范围内。

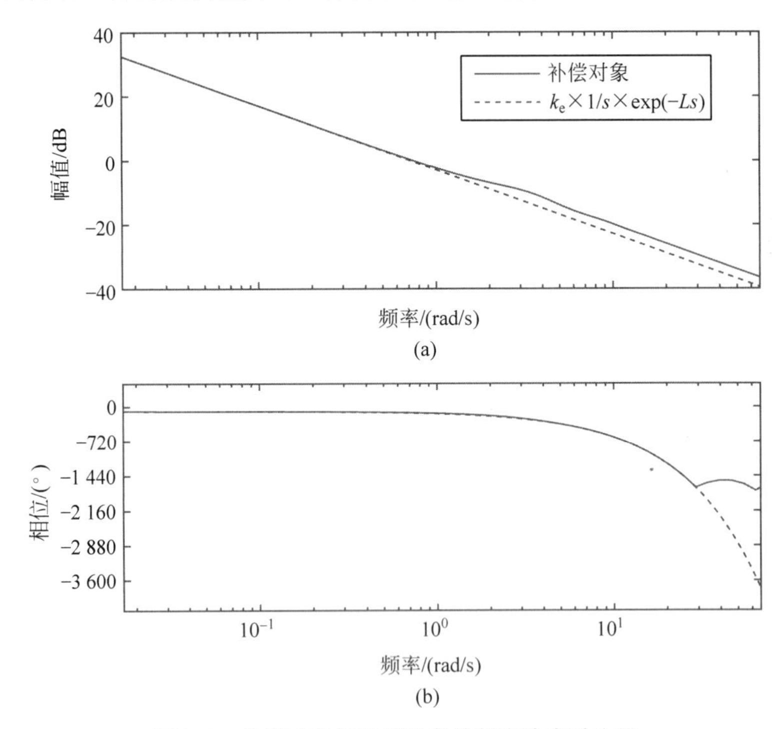

图 2.8　补偿对象与近似对象的频率响应对比图

然后，设置预期跟踪响应的动态常数 $\lambda=1$，比较据此整定的 TD-ADRC 和 PI 控制效果，如图 2.9 所示。可以看出，尽管存在两次近似处理，TD-ADRC 的跟踪控制效果与预期的动态响应吻合良好。而 SIMC 整定出的 PI 跟踪效果则与预期动态曲线在响应初期吻合良好，但在响应后期存在一定的超调量。由表 2.3 列出的各控制回路的鲁棒性指标可以看出，初始参数得到的鲁棒性指标均在可接受的范围内，且 ADRC 闭环控制回路的 M_S 还小于 PI 闭环控制回路的 M_S。

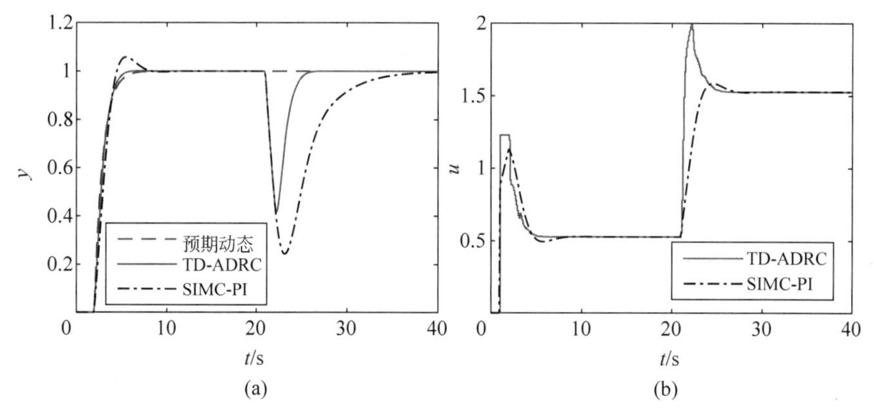

图 2.9　例 1 的控制仿真对比曲线

(a) 被控输出；(b) 控制输出

表 2.3　鲁棒性指标对比

参　数	最大灵敏度函数 M_S		
	补偿对象	TD-ADRC 闭环回路	PI 闭环回路
$k_\omega=20,\lambda=1$	1.84	1.56	1.59
$k_\omega=6,\lambda=1$	1.60	1.85	1.59
$k_\omega=6,\lambda=2$	1.60	1.44	1.34

为进一步降低补偿对象的 M_S 值至 1.5 的水平，将 ESO 参数 k_ω 降低到 6，以使补偿对象的开环奈奎斯特曲线与等 M_S 轨迹相切，如图 2.10 所示。但是，由于调整后的 ESO 补偿能力不足，TD-ADRC 的跟踪输出存在一定程度的变形，且整体闭环控制回路的鲁棒性指标 M_S 增大至 1.85。为提高系统鲁棒性并减少瞬态过程的振荡，将跟踪响应的预期动态参数 λ 增大为 2，控制响应如图 2.11 所示。此时，SIMC-PI 与 TD-ADRC 的跟踪响应均与预期动态曲线很好地重合，但是 TD-ADRC 的抗扰响应则明显优于

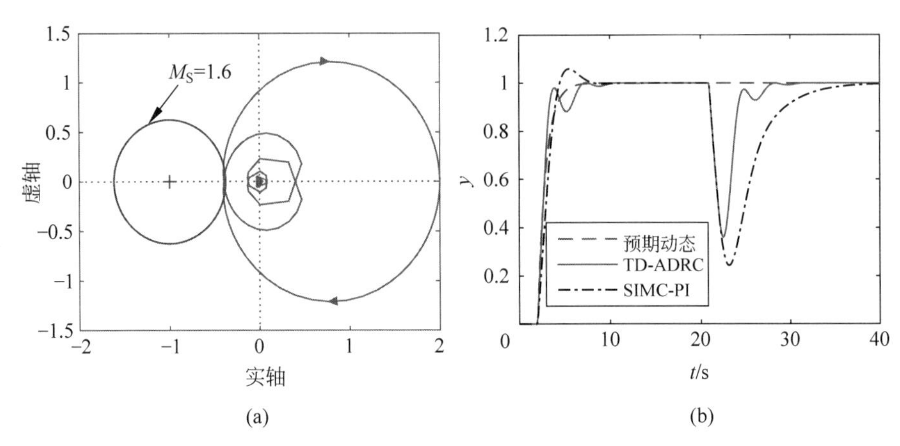

图 2.10　基于鲁棒回路成型的 k_ω 参数再整定

(a) 补偿对象的开环奈奎斯特曲线；(b) 被控输出

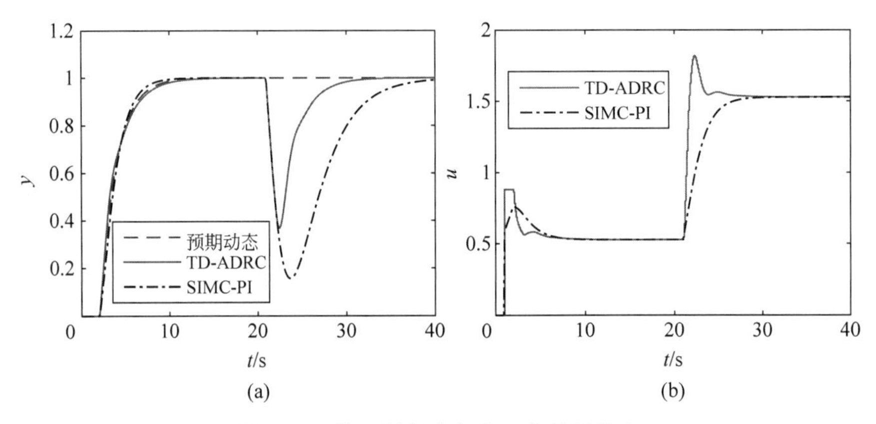

图 2.11　基于预期动态的 λ 参数再整定

(a) 被控输出；(b) 控制输出

SIMC-PI。同时，TD-ADRC 的闭环 M_S 指标也降低到了合理的水平。因此，该组参数为一组合理的 TD-ADRC 参数。

为对比两种控制方法对于参数不确定性的鲁棒性，假设实际被控对象摄动为

$$G_P(s)=\frac{1.6}{3.0s+1}e^{-1.2s} \tag{2-51}$$

摄动仿真的结果如图 2.12 所示，进一步验证了 TD-ADRC 的鲁棒性。

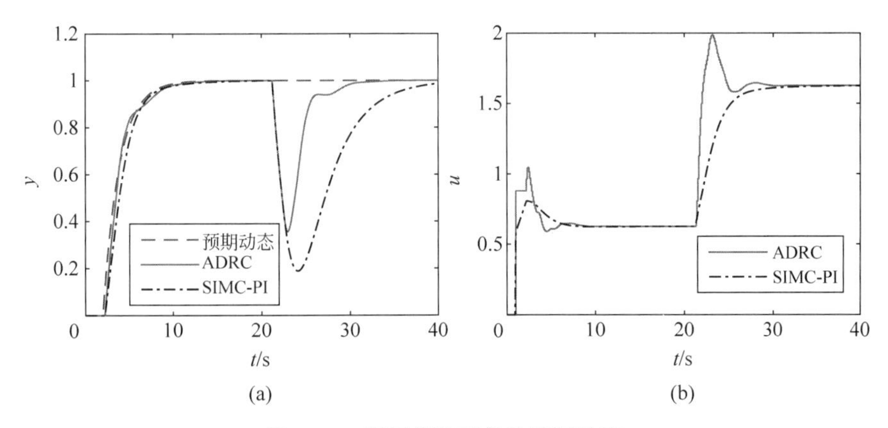

图 2.12　基于摄动对象的控制响应

(a) 被控输出；(b) 控制输出

2.3　时滞过程二自由度 UDE 控制和定量整定

以上讨论的方法均是针对稳定时滞过程，适用性有限。本节将提出一种改进的 UDE 控制策略，使其同时适用于稳定时滞过程、积分时滞过程和不稳定时滞过程。

2.3.1　时滞过程的改进 UDE 控制

传统的 UDE 控制主要用于运动控制系统，在设计时忽略过程的时滞，然而这在应用于过程控制系统中较大的时滞时，会出现较大的问题。考虑一个 FOPDT 模型：

$$G(s)=\frac{0.12}{1+6s}\mathrm{e}^{-Ls} \tag{2-52}$$

当 $L=0$ 时，调节 1.2.6 节介绍的原始 UDE 参数为 $K_{\mathrm{e}}=0.11$，$T_{\mathrm{f}}=2$，可得系统的跟踪响应如图 2.13 的蓝色实线所示。然而，当时滞 L 变为 1.5 s 或 2.5 s 时，该组参数已经不能使系统稳定，需要将参数 T_{f} 分别增大为 30 和 1 000，相应的输出响应如图 2.13 所示。综合仿真结果可见，当过程无时滞时，系统的跟踪响应可以与式(2-52)确定的参考轨迹基本重合。但是当系统存在时滞时，系统的响应将趋于振荡，且振荡幅度随时滞时间增大。

因此，有必要针对时滞过程提出一种改进的 UDE 控制策略。考虑一个单入单出时滞过程的状态空间模型：

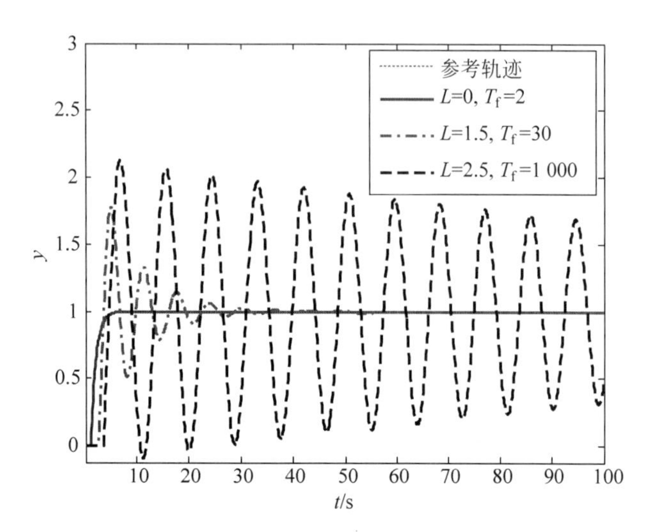

图 2.13 原始 UDE 控制时滞过程(前附彩图)

$$\dot{\boldsymbol{x}} = (\boldsymbol{A} + \boldsymbol{F})\boldsymbol{x} + \boldsymbol{B}\boldsymbol{u}(t - L) + d(t) \tag{2-53}$$

将原来的控制律(1-25)拆分为三个部分:

$$\boldsymbol{U}(s) = \underbrace{\boldsymbol{B}^{+}(\boldsymbol{A}_{\mathrm{m}}\boldsymbol{X} + \boldsymbol{B}_{\mathrm{m}}\boldsymbol{C} - \boldsymbol{A}\boldsymbol{X})}_{\text{状态反馈}} - \underbrace{\boldsymbol{B}^{+}\boldsymbol{K}_{\mathrm{e}}\boldsymbol{E}}_{\text{误差反馈}} + \underbrace{\mathbf{UDE}}_{\text{估计}} \tag{2-54}$$

下面将对这三项分别进行修正改进,首先,为使进入 UDE 的信号同步,将 **UDE** 项(1-26)修正为

$$\mathbf{UDE}_{\mathrm{td}} = \boldsymbol{B}^{+}[(\boldsymbol{A} - s\boldsymbol{I})\boldsymbol{X}(s) + \boldsymbol{B}\boldsymbol{U}(s)\mathrm{e}^{-Ls}]\boldsymbol{G}_{\mathrm{f}}(s) \tag{2-55}$$

其次,为了得到理想的跟踪结果,将模型(2-53)的标称无时滞部分构造为一个虚拟对象:

$$\dot{\boldsymbol{x}}_{\mathrm{v}} = \boldsymbol{A}\boldsymbol{x}_{\mathrm{v}} + \boldsymbol{B}\boldsymbol{u}(t) \tag{2-56}$$

基于该虚拟对象的输出和参考模型(1-18)的输出差别,修正状态反馈控制律如下:

$$\boldsymbol{u}_{\mathrm{SF}} = \boldsymbol{B}^{+}(\boldsymbol{A}_{\mathrm{m}}\boldsymbol{x}_{\mathrm{v}} + \boldsymbol{B}_{\mathrm{m}}\boldsymbol{c}(t) - \boldsymbol{A}\boldsymbol{x}_{\mathrm{v}}) \tag{2-57}$$

最后,基于虚拟对象的输出

$$\boldsymbol{y}_{\mathrm{v}}(t) = \boldsymbol{x}_{\mathrm{v}}(t - \tau) \tag{2-58}$$

将相应的误差反馈律修正为

$$\boldsymbol{u}_{\mathrm{FB}} = \boldsymbol{B}^{+}\boldsymbol{K}_{\mathrm{e}}(\boldsymbol{y}_{\mathrm{v}} - \boldsymbol{x}) \tag{2-59}$$

综合起来，原来的控制律(2-54)可以修正为

$$\boldsymbol{u}=\boldsymbol{u}_{\mathrm{SF}}+\boldsymbol{u}_{\mathrm{FB}}+\mathbf{UDE}_{\mathrm{td}} \tag{2-60}$$

图 2.14 给出了这种改进的 UDE(modified UDE，MUDE)控制结构框图。

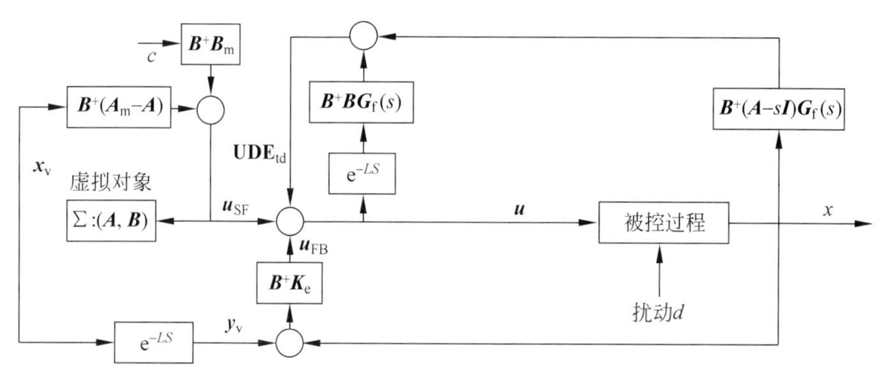

图 2.14　MUDE 控制框图

2.3.2　基于 FOPDT 过程的稳定性分析

为方便计算，本节基于式(2-4)的 FOPDT 模型讨论 MUDE 方法的稳定性。首先，为系统的无滞后部分设置参考模型(1-18)的参数为

$$A_{\mathrm{m}}=-\frac{1}{T_{\mathrm{m}}},\quad B_{\mathrm{m}}=\frac{1}{T_{\mathrm{m}}} \tag{2-61}$$

其中，T_{m} 为预期跟踪轨迹的惯性常数。基于过程模型(2-4)、参考模型(2-61)和控制律(2-55)，可将如图 2.14 所示的控制结构化为如图 2.15 的简单结构。

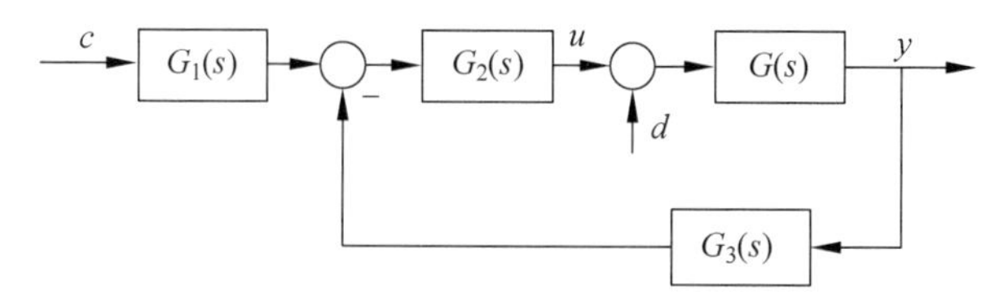

图 2.15　MUDE 控制等效框图

图 2.15 中的各个传递函数分别为

$$G_{1}(s)=\frac{1+Ts+K_{\mathrm{e}}T\mathrm{e}^{-Ls}}{k(1+T_{\mathrm{m}}s)} \tag{2-62}$$

$$G_2(s)=\frac{T_f s+1}{T_f s+1-e^{-Ls}} \tag{2-63}$$

$$G_3(s)=-\frac{T}{k}\left(K_e+\frac{Ts+1}{TT_f s+T}\right) \tag{2-64}$$

因此，MUDE 控制系统的闭环稳定性将取决于特征方程的根的位置：

$$1+G(s)G_2(s)G_3(s)=0 \tag{2-65}$$

将过程模型(2-4)、式(2-63)和式(2-64)代入特征方程(2-65)，经化简可得到一个简单的表达式：

$$K_e T e^{-Ls}+1+Ts=0 \tag{2-66}$$

可以发现，T_f 并未出现在式(2-66)中，因此在改进的 MUDE 控制中，T_f 并不影响标称稳定性。如果模型足够准确，T_f 可以被设置得任意小，以快速观测系统的不确定性。

为研究式(2-66)根的位置，首先将其化为如下形式：

$$e^{-Ls}=-\frac{1+Ts}{K_e T} \tag{2-67}$$

记等式(2-67)的右边为 L_1，左边为 L_2，其奈奎斯特轨迹如图 2.16 所示。基于形如式(2-67)的表达式，文献[124]介绍了一种“双轨迹图法”研究其稳定性，具体内容如下。

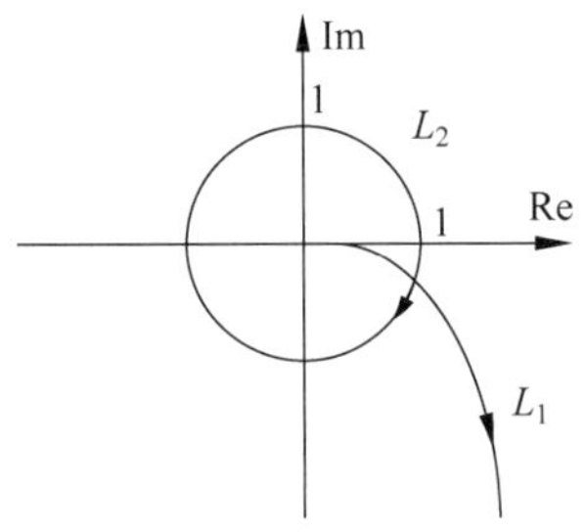

图 2.16 特征方程的双轨迹图

引理 2：特征方程(2-67)没有右半平面的根，当且仅当以下条件之一成立时，

(1) L_1 和 L_2 不相交；

(2) 如果 L_1 和 L_2 相交，L_1 在之前到达相交点。

基于引理 2，我们可以得到如下定理。

定理 3：对稳定过程(2-4)，MUDE 闭环控制系统稳定当且仅当 K_e 满足，

$$-\frac{1}{T}<K_e<\frac{1}{L}\alpha\sin\alpha-\frac{1}{T}\cos\alpha \tag{2-68}$$

其中，α 为

$$\tan\alpha=-\frac{T}{L}\alpha \tag{2-69}$$

在区间 $(0,\pi)$内的解。

定理 3 的证明过程见附录。

定理 3 也很容易被推广到积分滞后过程和不稳定滞后过程。

2.3.3 基于 FOPDT 过程的性能分析和参数整定

在确定 K_e 的稳定域后，本节分析 MUDE 控制的系统的性能。基于等效框图 2.16，可得到系统的跟踪响应为

$$G_{cy}(s)=G_1(s)\frac{G_2(s)G(s)}{1+G_2(s)G(s)G_3(s)}=\frac{1}{1+T_m s}\mathrm{e}^{-Ls} \tag{2-70}$$

由此可见，系统的标称跟踪响应将只取决于参考模型的参数 T_m。另一方面，系统的扰动抑制响应为

$$G_{dy}(s)=\frac{G(s)}{1+G_2(s)G(s)G_3(s)}=\frac{k(T_f s-\mathrm{e}^{-Ls}+1)}{(T_f s+1)(1+Ts+K_e T\mathrm{e}^{-Ls})}\mathrm{e}^{-Ls} \tag{2-71}$$

对积分纯滞后模型：

$$G(s)=\frac{k}{s}\mathrm{e}^{-Ls} \tag{2-72}$$

跟踪响应与式(2-70)相同，扰动抑制响应变为

$$G_{dy}(s)=\frac{k(T_f s-\mathrm{e}^{-Ls}+1)}{(T_f s+1)(s+K_e\mathrm{e}^{-Ls})}\mathrm{e}^{-Ls} \tag{2-73}$$

从式(2-71)和式(2-73)可以看出，系统的扰动响应仅取决于反馈参数 K_e 和 T_f，与跟踪响应的参数 T_m 无关。从这个意义上讲，MUDE 控制实现了跟踪和抗扰在参数整定方面的解耦。

值得指出的是，式(2-71)和式(2-73)的分子项极限$\lim\limits_{s\to 0}(T_f s-\mathrm{e}^{-Ls}+1)=0$，这确保了抗扰响应的稳态无差。对稳定过程，$T_f$ 越小，K_e 越大，式(2-71)的极点离虚轴越远，因此响应越快。对积分过程，一个非零的 K_e 是稳态无差的必要条件，否则，式(2-73)将产生零极点对消，使分子不含 $s=0$ 的零点。

对不稳定过程,式(2-71)中的 T 为负值,反馈增益 K_e 的调整须使系统镇定。

另外,以上的讨论均是在模型准确的前提下,如果模型不准确,还需考虑 MUDE 控制系统的鲁棒性。为此,基于等效控制框图,计算系统的最大灵敏度函数如下:

$$
\begin{aligned}
M_S &= \max_{\omega} \mid S(\mathrm{i}\omega) \mid = \max_{\omega} \left| \frac{1}{1+G_2(s)G(s)G_3(s)} \right| \\
&= \max_{\omega} \left| \frac{(Ts+1)(1+T_f s - \mathrm{e}^{-Ls})}{(T_f s+1)(1+Ts+KT\mathrm{e}^{-Ls})} \right|
\end{aligned} \tag{2-74}
$$

有时为保证鲁棒稳定性,还需考察系统的补灵敏度函数,

$$
T(s) = \frac{G_2(s)G(s)G_3(s)}{1+G_2(s)G(s)G_3(s)} = \frac{(1+Ts+K_eT+K_eTT_f s)}{(T_f s+1)(1+Ts+K_eT\mathrm{e}^{-Ls})}\mathrm{e}^{-Ls} \tag{2-75}
$$

假设不确定系统可以被描述为

$$
G'(s) = G(s)(1+\Delta(s)) \tag{2-76}
$$

其中,$\Delta(s)$为乘性不确定性。根据小增益定理[118],针对不确定过程 $G'(s)$,闭环控制系统稳定当且仅当

$$
\mid T(\mathrm{j}\omega) \mid < \frac{1}{\mid \Delta(\mathrm{j}\omega) \mid}, \quad \forall \omega \tag{2-77}
$$

有时为简便计算,可以用最大补灵敏度函数 $M_T = \max_w \mid T(\mathrm{j}\omega) \mid$ 表示系统的鲁棒稳定性。

基于鲁棒性约束式(2-74)或式(2-77),可以采用鲁棒回路成型的方法整定参数 T_f 和 K_e。下面将分别基于经典的稳定过程、积分过程和不稳定时滞过程模型,比较本书提出的 MUDE 方法和传统的史密斯预估方法的性能。

2.3.4 仿真例子

例 1 (稳定过程)考虑一个经典的换热器模型[125]:

$$
G(s) = \frac{0.12}{1+6s}\mathrm{e}^{-3s} \tag{2-78}
$$

为与文献[125]提出的史密斯预估器(Smith predictor,FSP)和改进的滤波史密斯预估器(filtered Smith predictor,FSP)公平对比,将预期跟踪常数 T_m 设置为 1,以产生和 FSP 相同的跟踪性能。为使系统在 40%时滞不确定时仍然保证鲁棒性,调整参数 $K_e=0.1$ 和 $T_f=1$,使式(2-77)左边的

补灵敏度函数的幅值严格居于右端的不确定性倒数函数下方，如图 2.17 所示。

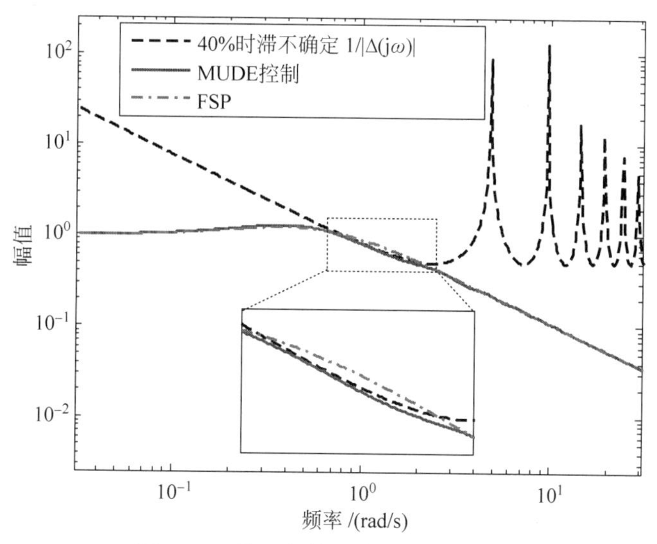

图 2.17　基于鲁棒鲁棒性的参数整定

在 $t=1$ s 时加入设定值阶跃指令，在 $t=30$ s 时加入输入干扰指令，仿真结果如图 2.18 所示。对比 MUDE 控制、SP 控制和 FSP 的控制性能和鲁棒性可以发现，传统 SP 控制的跟踪和抗扰性能均不理想。MUDE 和 FSP 的效果较相似，跟踪性能均与预期动态吻合良好。MUDE 的抗扰效果略优于 FSP 控制，同时，MUDE 的鲁棒稳定性得到了严格保证，而 FSP 的补灵敏函数则超出了时滞不确定性的界。综合起来，对于稳定时滞过程，MUDE 控制远优于传统的 SP 控制，略优于最新的 FSP 控制技术。

例 2　(积分过程)考虑一个经典的蒸发器水位模型[126]：

$$G'(s)=-\frac{0.1}{s(1+2s)^5} \tag{2-79}$$

由于该模型的阶次很高，无法直接用于 MUDE 设计，故首先将其降阶为

$$G(s)=-\frac{0.1}{s}\mathrm{e}^{-10s} \tag{2-80}$$

基于该降阶模型，设计 MUDE 控制器。为与文献[126]提出的 SP 和 FSP 方法公平对比，MUDE 的跟踪参数 T_m 被设置为 3，以使二者的预期跟踪响应相同。为达到同样的鲁棒性，将灵敏度指标设置为和 FSP 一样，即

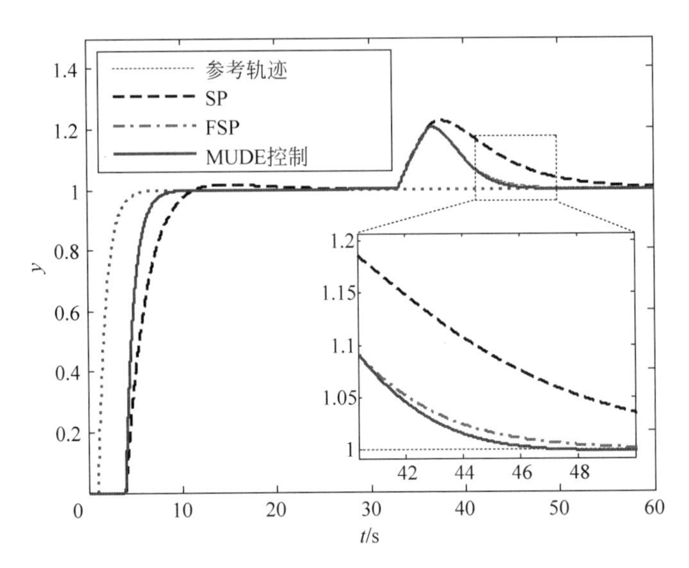

图 2.18 稳定时滞过程控制仿真对比结果

$M_S=2.2$ 和 $M_T=1.6$。基于鲁棒回路成型方法，调节控制参数为 $K_e=0.4$ 和 $T_f=2.1$，以使系统的开环奈奎斯特曲线与相应的 M_S 和 M_T 等值线相切，如图 2.19 所示。

在 $t=1$ s 时加入设定值阶跃指令，在 $t=100$ s 时加入输入干扰指令，仿真结果如图 2.20 所示。由于降阶模型(2-80)与真实对象(2-79)的区别，三种控制方案的跟踪效果均没有很好地达到预期的参考轨迹。在抗扰方面，MUDE 方法显示了比 SP 和 FSP 更为明显的优势。

例 3 （不稳定过程）考虑一个不稳定的化工反应器模型[127]：

$$G(s)=\frac{3.433}{103.1s-1}e^{-20s} \tag{2-81}$$

设置 $T_m=20$ 以使 MUDE 控制和文献[127]提出的改进史密斯预估器(modified smith predictor, MSP)以及文献[125]的 FSP 方法具有相同的跟踪响应。MUDE 的参数整定为 $K_e=0.024$，$T_f=5$，以满足合理的鲁棒性。在 $t=1$ s 时加入设定值阶跃指令，在 $t=400$ s 时加入输入干扰指令，仿真结果如图 2.21 所示。相关性能和鲁棒性指标总结见表 2.4。表中的下标 1 和下标 2 分别代表设定值跟踪和扰动抑制过程中的 IAE 指标。归结

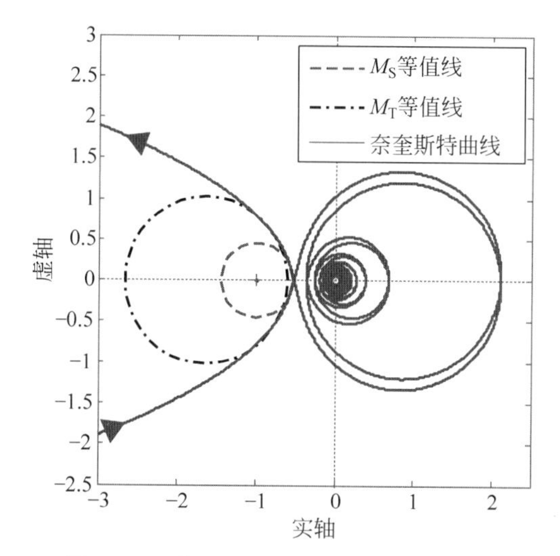

图 2.19　基于鲁棒回路成型的参数整定

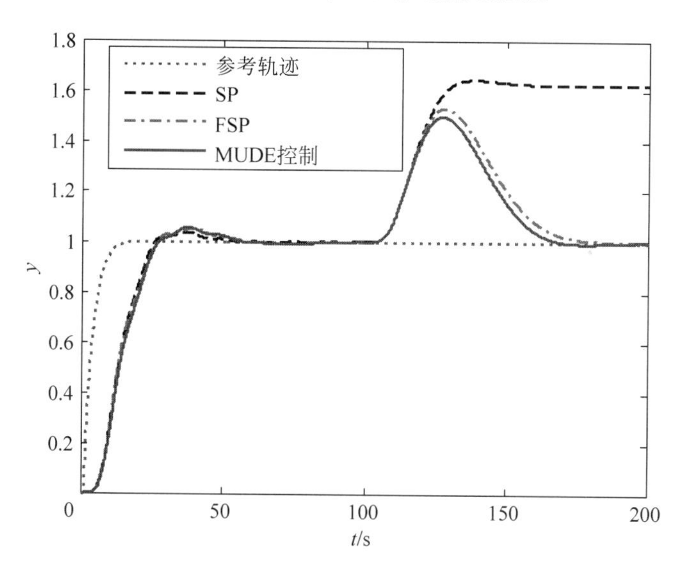

图 2.20　积分时滞过程控制仿真对比结果

起来，对于不稳定过程，MUDE 方法显示出了对于传统方法的极大优势。相比于 MSP 和 FSP，MUDE 控制方法以较好的鲁棒性实现了较优的控制性能。

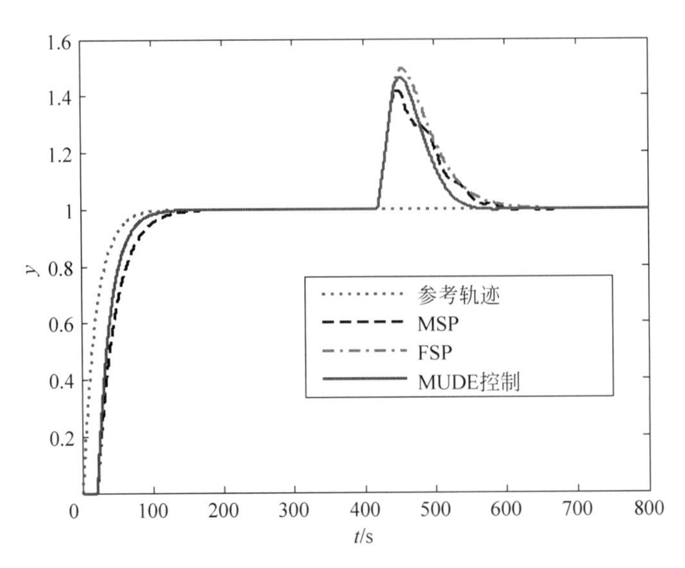

图 2.21　不稳定时滞过程控制仿真对比结果

表 2.4　不稳定时滞过程控制性能和鲁棒性指标对比

方法	IAE_1	IAE_2	M_T	M_S	过渡时间/s
MSP	26.6	30.2	2.3	2.4	200
FSP	20.0	37.1	3.2	2.8	280
MUDE	20.0	27.6	2.0	2.3	180

2.4　基于改进 ESO 的非最小相位系统二自由度控制策略

以上各节讨论了时滞过程的控制设计，本节讨论另一类热工过程中常见的对象，即含右半平面零点的非最小相位(non-minimum phase，NMP)对象。这类对象最显著的特点在于其阶跃响应初期的“反向特性”，比如锅炉汽包水位控制中的“虚假水位”现象和流化床锅炉的风量-床温控制通道。NMP 对象的正零点严重限制了闭环控制系统所能达到的控制带宽[128-129]，并对控制设计带来以下问题：

（1）在设定值跟踪方面，传统的反馈控制方法难以实现逆向反应幅度受限的最优跟踪性能[130]。

（2）在扰动抑制方面，需要谨慎设计扰动估计器，否则将极易使闭环系统发散[131]。文献[132]也指出，若按照传统方法设计 ESO，闭环系统将不能稳定。

为解决上述两个问题，本节设计了一种二自由度复合控制策略，首先，提出一种改进的 ESO 用于观测补偿系统的模型不确定性和外扰；然后，针对补偿后的对象，采用文献[133]提出的基于准确模型的前馈最优控制策略实现理想的设定值跟踪性能。

2.4.1　基于模型信息的改进 ESO 设计

考虑一个不确定对象，

$$Y(s)=G'(s)\times(U(s)+D(s))=G(s)(1+\Delta(s))\times(U(s)+D(s)) \tag{2-82}$$

其中，$G(s)$为对象模型，$G'(s)$为真实对象，$\Delta(s)$为模型不确定性，$D(s)$为外扰信号。可将式(2-82)改写为

$$Y(s)=G(s)(U(s)+D'(s)) \tag{2-83}$$

其中 $D'(s)=\Delta(s)U(s)+\Delta(s)D(s)+D(s)$可被视为一种总不确定性。为观测补偿总不确定性，将式(2-83)改写为“可观规范型”状态空间形式：

$$\begin{cases}\dot{\boldsymbol{x}}=\boldsymbol{A}_{\mathrm{o}}\boldsymbol{x}+\boldsymbol{B}_{\mathrm{o}}(\boldsymbol{u}+\boldsymbol{d}')\\ \boldsymbol{y}=\boldsymbol{c}_{\mathrm{o}}^{\mathrm{T}}\boldsymbol{x}\end{cases} \tag{2-84}$$

其中，d'是$D'(s)$在时域内的拉普拉斯反变换，式(2-84)中的参数矩阵为

$$\boldsymbol{A}_{\mathrm{o}}=\begin{pmatrix}0 & 1 & & \\ \vdots & & \ddots & \\ 0 & & & 1\\ -a_0 & -a_1 & \cdots & -a_{n-1}\end{pmatrix},\quad \boldsymbol{B}_{\mathrm{o}}=\begin{pmatrix}\beta_1\\ \beta_2\\ \vdots\\ \beta_n\end{pmatrix},\quad \boldsymbol{c}_{\mathrm{o}}^{\mathrm{T}}=(1\quad 0\quad \cdots\quad 0) \tag{2-85}$$

与原来的串联积分器标准型(1-8)不同的是，“可观规范型”模型(2-84)引入了系统的模型信息，这体现在 A_{o} 和 B_{o} 矩阵的参数 a_i 和β_i 上。将 d'扩张为一个新状态 x_{n+1}，因此可得扩张模型为

$$\begin{cases}\dot{\boldsymbol{x}}=\boldsymbol{A}_{\mathrm{e}}\boldsymbol{x}+\boldsymbol{B}_{\mathrm{e}}\boldsymbol{u}+\boldsymbol{E}\dot{\boldsymbol{d}}'\\ \boldsymbol{y}=\boldsymbol{c}_{\mathrm{e}}^{\mathrm{T}}\boldsymbol{x}\end{cases} \tag{2-86}$$

其中，

$$\boldsymbol{A}_{\mathrm{e}}=\begin{pmatrix}\boldsymbol{A}_{\mathrm{o}} & \boldsymbol{B}_{\mathrm{o}}\\ \boldsymbol{0} & 0\end{pmatrix},\quad \boldsymbol{B}_{\mathrm{e}}=\begin{pmatrix}\boldsymbol{B}_{\mathrm{o}}\\ 0\end{pmatrix},\quad \boldsymbol{c}_{\mathrm{e}}^{\mathrm{T}}=(\boldsymbol{c}_{\mathrm{o}}^{\mathrm{T}}\quad 0) \tag{2-87}$$

对扩张模型(2-86)设计扩张状态观测器

$$\begin{cases}\dot{\hat{\boldsymbol{x}}}=\boldsymbol{A}_{\mathrm{e}}\hat{\boldsymbol{x}}+\boldsymbol{B}_{\mathrm{e}}\boldsymbol{u}+\boldsymbol{H}(\boldsymbol{y}-\hat{\boldsymbol{y}})\\ \hat{\boldsymbol{y}}=\boldsymbol{c}_{\mathrm{e}}^{\mathrm{T}}\hat{\boldsymbol{x}}\end{cases} \tag{2-88}$$

这就是本节将要提出的改进 ESO(modified ESO,MESO)。基于原始 ESO 的带宽整定法[80]，仍然令 MESO 的特征方程为$\phi(s)=(s+\omega_{\mathrm{o}})^{n+1}$，因此参数矩阵 $\boldsymbol{H}$ 可以方便地基于阿克曼公式计算出：

$$\boldsymbol{H}=\phi(\boldsymbol{A}_{\mathrm{e}})\begin{pmatrix}\boldsymbol{c}_{\mathrm{e}}^{\mathrm{T}}\\ \boldsymbol{c}_{\mathrm{e}}^{\mathrm{T}}\boldsymbol{A}_{\mathrm{e}}\\ \vdots\\ \boldsymbol{c}_{\mathrm{e}}^{\mathrm{T}}\boldsymbol{A}_{\mathrm{e}}^{n}\end{pmatrix}^{-1}\begin{pmatrix}0\\0\\ \vdots\\ 1\end{pmatrix} \tag{2-89}$$

在估计出系统的总不确定性后，设计补偿控制律为

$$u=u_0-\hat{x}_{n+1} \tag{2-90}$$

这样，补偿后的系统将近似表现为标称模型：

$$y=G(s)(u+d')=G(s)(u_0-\hat{x}_{n+1}+d')\approx G(s)u_0 \tag{2-91}$$

基于该补偿后系统设计外环控制器以达到跟踪目标。

2.4.2 反调量受限的最优前馈设计

为克服反馈控制用于 NMP 对象的局限性，文献[133]介绍了一种反向调节量受限的最优前馈设计。首先，将含一个正零点的 NMP 对象补偿为如下形式：

$$\frac{Y(s)}{U_1(s)}=P(s)=C(s)G(s)=\frac{1-s/z}{(1+s/p)^{n+1}} \tag{2-92}$$

其中，$C(s)$为一个最小相位滤波器，它消去了模型 $G(s)$所有的左半平面零极点。z 是右半平面零点，$-p$ 是离原点充分远的重极点，由 $C(s)$的分母引入。基于式(2-92)设计前馈控制律：

$$u_1(t)=\begin{cases}(\mathrm{e}^{z(t-t_0)}-1)ra_{\mathrm{us}}, & t\in[t_0,t_1)\\ r, & t\in[t_1,\infty)\end{cases} \tag{2-93}$$

其中，a_{us} 为设定值跟踪过程允许的最大反调量(allowable undershoot)。t_0 为阶跃指令的时间，t_1 可以根据如下公式计算：

$$t_1 = t_0 + \frac{\ln(1/a_{us} + 1)}{z} \tag{2-94}$$

该前馈律可以保证在反调量不超过 a_{us} 的前提下实现具有最小过渡时间的跟踪响应。图 2.22 给出了综合前馈和 MESO 的二自由度控制方案。

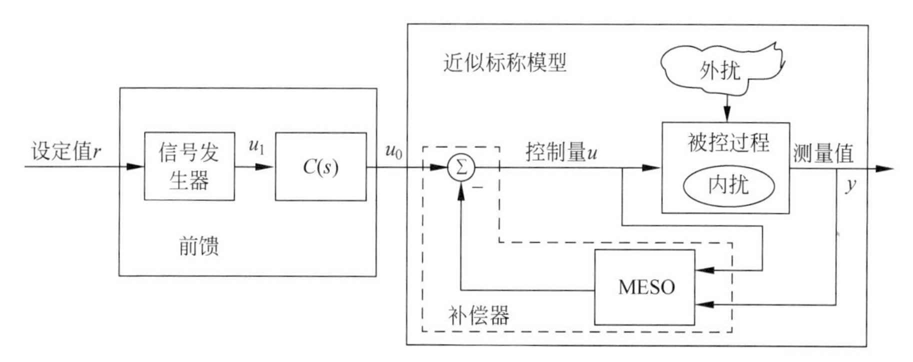

图 2.22　非最小相位过程的二自由度控制

2.4.3　收敛性和参数整定

令 MESO 的观测误差为

$$\varepsilon_i = \hat{x}_i - x_i, \quad i = 1, 2, \cdots, n+1 \tag{2-95}$$

进一步地，基于式(2-86)和式(2-88)，式(2-95)可以被整理为

$$\dot{\boldsymbol{\varepsilon}} = \dot{\hat{\boldsymbol{x}}} - \dot{\boldsymbol{x}} = \bar{\boldsymbol{A}}\varepsilon - \boldsymbol{Eq} \tag{2-96}$$

其中，$\bar{\boldsymbol{A}} = \boldsymbol{A}_e - \boldsymbol{H}\boldsymbol{c}_e^{\mathrm{T}}$。对 MESO 的收敛性，存在如下定理：

定理 4：假设①$\boldsymbol{q}$ 有界，$|\boldsymbol{q}(t)| \leqslant \delta$；②$\bar{\boldsymbol{A}}$ 是赫维茨矩阵；③存在不等式 $\sum_{1}^{n-1} a_i\beta_{i-1} + \beta_n \neq 0$，那么 MESO 的估计误差有界。也就是说，存在常数 $\sigma_i > 0$ 和有限的时间 $T_1 > 0$，使

$$|\varepsilon_i(t)| \leqslant \sigma_i, \quad i = 1, 2, \cdots, n+1, \quad \forall t \geqslant T_1 > 0 \tag{2-97}$$

且存在 $\sigma_i = O\left(\frac{1}{l_{n+1}}\right)$。

定理 4 的证明过程见附录。

参数 ω_o 的整定应当依据闭环系统的最大灵敏度函数确定，为此，首先将图 2.22 的补偿回路化为图 2.23 的等效回路，图中，

$$F_u(s)=\boldsymbol{q}[sI-(\boldsymbol{A}_e-\boldsymbol{H}\boldsymbol{c}_e^{\mathrm{T}})]^{-1}\boldsymbol{B}_e \tag{2-98}$$

$$F_y(s)=\boldsymbol{q}[sI-(\boldsymbol{A}_e-\boldsymbol{H}\boldsymbol{c}_e^{\mathrm{T}})]^{-1}\boldsymbol{H} \tag{2-99}$$

其中，$\boldsymbol{q}=[0\quad 0\quad \cdots\quad 1]_{n+1}$。

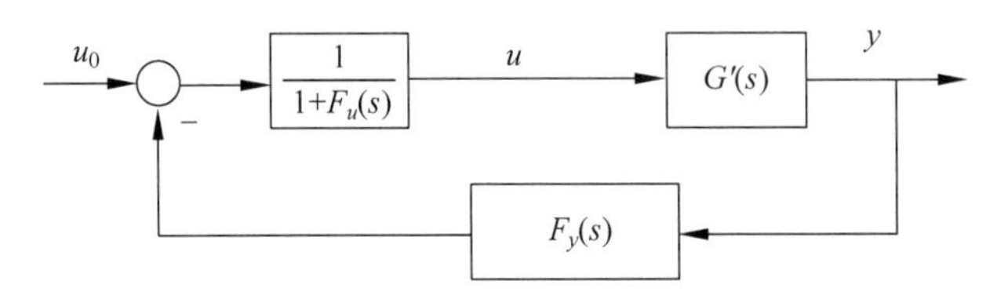

图 2.23　MESO 的等效闭环结构

Reprinted from Sun L, Li D, Gao Z, et al, Combined feedforward and model-assisted active disturbance rejection control for non-minimum phase system, ISA Transactions, 2016, 64: 24-33, Copyright (2016), with permission from Elsevier.

基于等效框图，可得等效补偿结构的开环传递函数为

$$G_{\mathrm{OP}}(s)=\frac{1}{1+F_u(s)}G'(s)F_y(s) \tag{2-100}$$

因此，可以调整 MESO 的带宽 ω_o，来使 $G_{\mathrm{OP}}(s)$ 的奈奎斯特曲线与所期望的等 M_S 圆正好相切，此即上文所述的"鲁棒回路成型法"。

另一方面，可以很容易地求出等效补偿对象的传递函数：

$$G_{\mathrm{EP}}(s)=\frac{G'(s)}{1+F_u(s)+G'(s)F_y(s)} \tag{2-101}$$

定理 5：对不确定真实对象 $G'(s)$ 采用 MESO 补偿后所得的等效对象 $G_{\mathrm{EP}}(s)$ 具有和标称模型 $G(s)$ 相同的静态增益。

定理 5 的证明过程见附录。

定理 5 实际上保证了 2.4.2 节的前馈控制律在应用于不确定对象时的稳态无差的性质。2.4.4 节将通过仿真具体说明这一问题。

2.4.4　仿真例子

考虑一个高阶非最小相位模型[131]，

$$G_{\mathrm{P}}(s)=\frac{123.853\times 10^4(-s+3.5)}{(s^2+6.5s+42.25)(s+45)(s+190)} \tag{2-102}$$

为方便设计，文献[131]的DOB控制设计采用了如下的降阶模型：

$$G(s)=\frac{144.86(-s+3)}{s^2+6.5s+42.25} \tag{2-103}$$

本节的MESO设计亦将基于该标称模型。图2.24为基于鲁棒回路成型方法的参数整定，为实现鲁棒性 $M_S=2.0$ 和 $M_T=1.2$ 的约束，应整定 $\omega_o=8$。参数 a_{us} 设计为0.5。

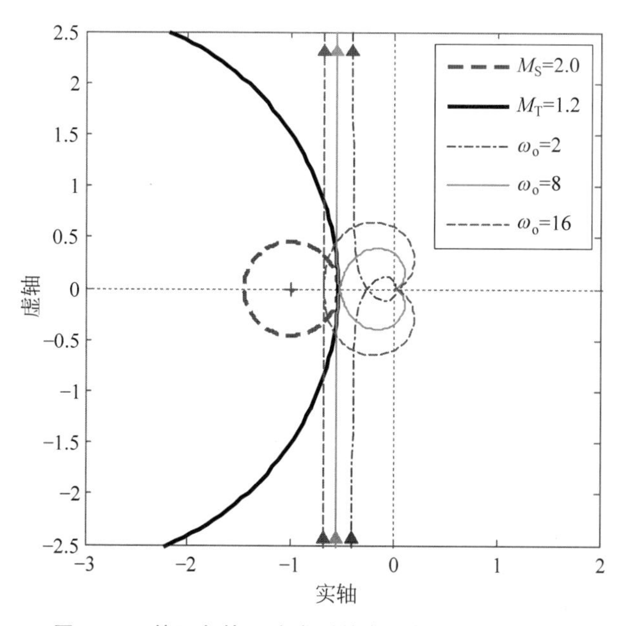

图2.24　基于鲁棒回路成型的参数整定(前附彩图)

Reprinted from Sun L, Li D, Gao Z, et al, Combined feedforward and model-assisted active disturbance rejection control for non-minimum phase system, ISA Transactions, 2016, 64: 24-33, Copyright (2016), with permission from Elsevier.

为验证鲁棒性，将基于模型(2-103)设计的DOBC控制器和本节的二自由度控制方案应用于如下摄动对象：

$$G'(s)=\frac{130\times 10^4(-s+3)}{(s^2+6.5s+46)(s+40)(s+180)} \tag{2-104}$$

图2.25分别给出了仿真对比结果。本节提出的方法获得了比DOB方法更为稳定的跟踪和抗扰响应，且反向调节量符合预期要求。

更多的仿真和分析可以参见文献[134]。

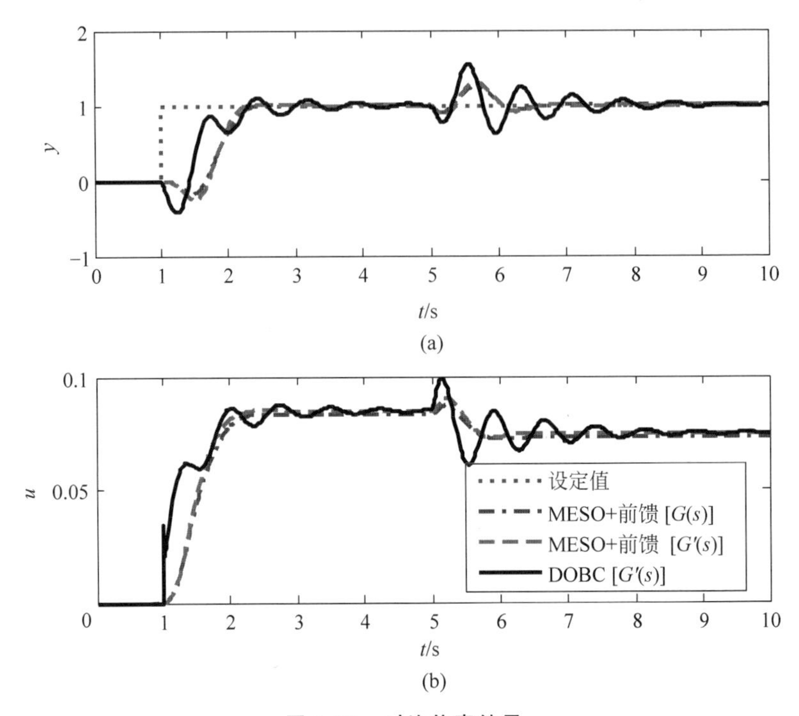

图 2.25 对比仿真结果

Reprinted from Sun L, Li D, Gao Z, et al, Combined feedforward and model-assisted active disturbance rejection control for non-minimum phase system, ISA Transactions, 2016, 64: 24-33, Copyright (2016), with permission from Elsevier.

2.5 本章小结

本章首先针对热工过程中常见的单变量时滞过程，根据控制器实现的复杂度，由易到难分别讨论了二自由度 PI、时滞 ADRC 和改进 UDE 的不确定性补偿方法。然后针对单变量的非最小相位过程，讨论了一种基于改进 ESO 的二自由度控制方法。

对于二自由度 PI 控制器，由于其结构比较简单且理论最为成熟，本章主要讨论了如何实现其对对外扰抑制能力的最优化。相比于基于最大灵敏度函数的传统算法，本书提出的基于相对时滞裕度的概念得到了更简单的稳定域求解方法、更直观的整定公式和更快速的最优参数整定方法。仿真结果显示了本章所提方法的有效性。

对时滞过程的 ADRC 控制设计，本章放弃了原始的串联积分器标准型，基于一阶惯性纯滞后模型，推导出一个新的近似标准型，并基于新的标准型给出了时滞 ADRC 参数的整定方法。

基于 ADRC 设计的成熟经验，本章改进了传统 UDE 控制结构以适应时滞过程，并严格分析了该结构的稳定性。提出了一种基于鲁棒回路成型的参数整定方法。该结构最为复杂，融合了前馈控制与改进 UDE 控制的特点，可以同时适用于稳定、积分和不稳定过程。仿真结果显示了该结构相对于已有方法的优越性。

本章最后针对含右半平面零点的非最小相位过程提出了一种改进的 ESO 设计方法。该方法通过利用模型信息，将对象补偿为一种可观规范型。然后针对补偿后的近似标称对象，设计最优前馈控制律。仿真结果显示了该结构相对于已有方法的优越性。

综上所述，本章完成了对热工过程中常见的单变量复杂过程（时滞、非最小相位）的多层次不确定性补偿设计和二自由度控制设计。需要指出的是，单变量复杂过程中的欠阻尼对象和含两个正极点的不稳定对象在热工过程中较为少见，故不作讨论。

第3章　自抗扰控制的应用基础研究

自抗扰控制作为二自由度控制中的一种，因其较高的控制性能、适中的复杂度和参数便于整定的特点在运动控制中获得了广泛的应用[81-84]。考虑到一阶 ADRC 结构最为简单，且与传统的 PI 控制存在很大的相似度，易于被现场工程人员接受，故本章将研究一阶 ADRC 应用于热工过程中需要注意的工程问题，为第 4 章的实际应用做准备。

在本章开始之前，先简单介绍一阶 ADRC 和 PI 在结构上的相似性。图 3.1 给出了早期 PI 控制器的模拟量实现形式，图中虚线框被命名为“自动重置”(automatic reset)模块。经过简单的传递函数变换，自动重置模块可转换为一个具有单位比例增益的 PI 控制器。可以看出，由于稳态时比例控制器的输入偏差 e 为 0，系统外扰值 d 实际上最终进入了“自动重置”模块的输出 I，进而消除了稳态偏差。

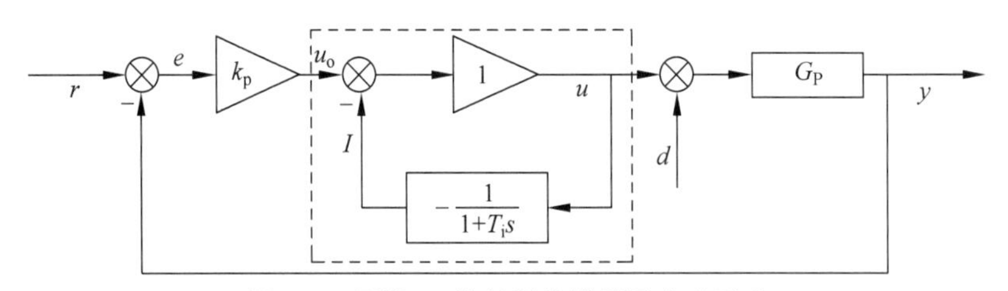

图 3.1　早期 PI 控制器的模拟量实现形式

将 PI 控制器的“自动重置”模块更换为 ESO 模块，即可得到如图 3.2 所示的一阶 ADRC 控制结构。同理，ESO 输出 z_2 用于观测扰动 d。不同的是，ESO 可以更精确、更有针对性地跟踪观测扰动。

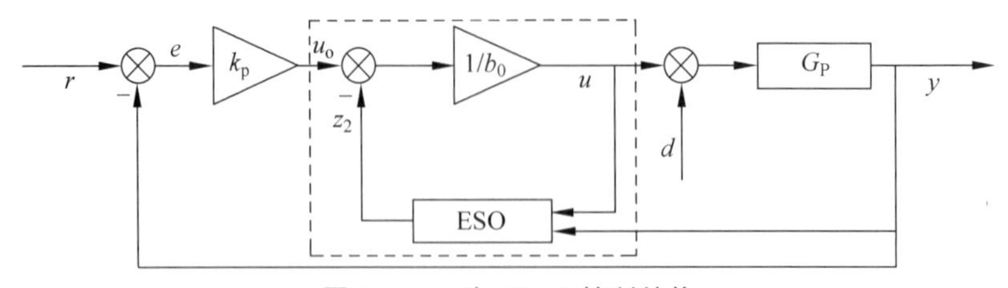

图 3.2　一阶 ADRC 控制结构

上文所述的 PI 控制器和一阶 ADRC 控制器的关联性将有助于现场工程人员接受、理解和应用 ADRC 控制器。本章将简要介绍一阶 ADRC 的基本原理及其工程实现上的一些问题，包括 DCS 组态、无扰切换、抗饱和、参数自整定、防止控制量跳变和离散化带来的稳定性风险。最后，通过水箱试验台验证本章方法的可行性。

3.1　一阶 ADRC 的数学描述

为方便下文讨论，本节首先基于 1.2.5 节所述的 ADRC 控制一般原理，给出一阶 ADRC 的数学描述。将一个任意阶过程整理成如下形式：

$$\dot{y}=g(t,y,\ddot{y},\cdots,w)+bu \tag{3-1}$$

其中，b 为高频增益；w 为不可测扰动；g 为系统高阶动态、模型误差和内外扰的综合特性。针对大部分过程，b 的精确值难以获得，故可设对象模型为

$$\dot{y}=f+b_0u \tag{3-2}$$

其中，$f=g+(b-b_0)u$ 为扩张状态，即需要估计的"总扰动"。对线性系统，若存在 f 可微，令 $f=x_2$，$\dot{f}=h$，则可将式(3-2)重写为状态空间形式：

$$\begin{cases}\begin{pmatrix}\dot{x}_1\\ \dot{x}_2\end{pmatrix}=\begin{pmatrix}0 & 1\\ 0 & 0\end{pmatrix}\begin{pmatrix}x_1\\ x_2\end{pmatrix}+\begin{pmatrix}b_0\\ 0\end{pmatrix}u+\begin{pmatrix}0\\ 1\end{pmatrix}h\\ y=(1\quad 0)\begin{pmatrix}x_1\\ x_2\end{pmatrix}\end{cases} \tag{3-3}$$

对增广系统(3-3)设计状态观测器：

$$\begin{pmatrix}\dot{z}_1\\ \dot{z}_2\end{pmatrix}=\begin{pmatrix}-\beta_1 & 1\\ -\beta_2 & 0\end{pmatrix}\begin{pmatrix}z_1\\ z_2\end{pmatrix}+\begin{pmatrix}b_0 & \beta_1\\ 0 & \beta_2\end{pmatrix}\begin{pmatrix}u\\ y\end{pmatrix} \tag{3-4}$$

由式(3-4)可得出传递函数表达式为

$$\begin{pmatrix}z_1(s)\\ z_2(s)\end{pmatrix}=\begin{bmatrix}\dfrac{b_0s}{s^2+\beta_1s+\beta_2} & \dfrac{\beta_1s+\beta_2}{s^2+\beta_1s+\beta_2}\\ \dfrac{-\beta_2b_0}{s^2+\beta_1s+\beta_2} & \dfrac{\beta_2s}{s^2+\beta_1s+\beta_2}\end{bmatrix}\begin{pmatrix}u(s)\\ y(s)\end{pmatrix} \tag{3-5}$$

将 ESO 观测的扰动输出实时"前馈"给控制量，即设计控制律为

$$u=\frac{u_0-z_2}{b_0} \tag{3-6}$$

将式(3-6)代入式(3-2)可得

$$\dot{y}=f+b_0\left(\frac{u_0-\tilde{f}}{b_0}\right)\approx u_0 \tag{3-7}$$

因此,开环系统可近似为一个积分环节,可以由比例控制器 k_p 来实现极点配置:

$$u_0=k_p(r-y) \tag{3-8}$$

由此,闭环系统的预期动态特性为

$$G_{CL}(s)=\frac{y(s)}{r(s)}=\frac{1}{s+k_p} \tag{3-9}$$

由式(3-9)可见控制器参数 k_p 即为预期动态时间常数的倒数,具有明确的物理意义,调节方便。基于带宽法,观测器参数可按如下公式整定:

$$\begin{cases}\beta_1=2\omega_o\\ \beta_2=\omega_o^2\end{cases} \tag{3-10}$$

至此,一阶线性 ADRC 的 3 个参数需要整定,k_p,ω_o 和 b_0 在实际整定过程中遵循如下规律:

(1) ω_o 越大,误差越快地被 ESO 观测并被控制器补偿,但会增加观测器对噪声的敏感性,同时也受 DEH 系统采样频率的限制。在实际参数整定时,ω_o 应从一个较小的值逐渐增大,直至满足性能要求。

(2) k_p 的选取应根据所预期的动态特性。通常现场的运行经验能提供预期上升的惯性时间,求取倒数即可,k_p 越大,控制作用越强,系统的响应越快,但超调和振荡会严重。

(3) b_0 应尽量逼近系统的实际高频增益 b,根据初值定理,可以通过计算系统阶跃响应初始时刻的上升速率来确定。如不易测量,可由大到小调试,b_0 越小,控制作用越强,但稳定裕度越小。

综上,k_p,ω_o,b_0 均具有明确的工程内涵,易于在线调整,以达到满意的要求。

3.2 一阶 ADRC 的工程实现

热工过程需要长期稳定地投入运行,目前绝大多数回路都采用的是 PID 控制方法,因此先进控制方法的闭环投入必须考虑和 PID 控制器的无扰切换,以保证在投入瞬间工业生产的连续性和可靠性。另外,在实际应用中，执行器难免达到其极限，这时还需要考虑 ESO 的抗积分饱和问题。

值得指出的是，ADRC 控制器的一大优点在于其工程实现非常简单。在计算方面，ADRC 与 PI 存在较大的相似性，因此仅需要一些基础代数计算和积分模块即可组态实现。

在无扰切换方面，ADRC 控制的无扰切换问题可以等价为 ESO 的初值设置问题。文献[135]指出，如果 ESO 的初值不正确，那么其输出在收敛到真实值的过程中会存在“尖峰”现象，严重危害设备的运行。考虑到在稳态时，$\dot{z}_1=0,\dot{z}_2=0$，求解方程(3-4)，可得 ESO 的稳态输出为

$$z_1=y,\quad z_2=-b_0u \tag{3-11}$$

因此可以选择在稳态时切换 PID 与 ADRC。在由 PID 切入 ADRC 的瞬时，只需保证 ESO 的积分器输出 z_1 和 z_2 分别跟踪过程量 y 和控制量 $-b_0u$。由 ADRC 切回 PID 的实现比较简单，只需让 PID 模块的输出跟踪 ADRC 控制器的实时输出即可，该切换可以在稳态实现，也可以在动态过程中完成。上述功能可以方便地在目前主流的工业 DCS 组态实现。

在抗积分饱和方面，ADRC 的实现机制则比 PID 简单得多。由于 ADRC 的正常工作依赖于 ESO 的正确计算。为保证进入 ESO 的实时控制量 u 和输出量 y 为执行器实际值，修正控制律(3-6)为以下形式：

$$u=\begin{cases}u_{\min}, & (u_0-z_2)/b_0<u_{\min}\\ \dfrac{u_0-z_2}{b_0}, & u_{\min}<(u_0-z_2)/b_0<u_{\max}\\ u_{\max}, & (u_0-z_2)/b_0>u_{\max}\end{cases} \tag{3-12}$$

其中，$u_{\min}$ 和 $u_{\max}$ 为执行器动作的上限和下限值。因此，ADRC 的抗积分饱和功能通过在原来的原理图中加一个限幅器即可简单实现，如图 3.3 所示。由式(3-5)可以看出，当执行器长期处于饱和状态时，ESO 实际处于一种稳态的工作状态，并不再进行计算，也就避免了所谓的积分饱和问题。这点比相比于传统的各种 PID 抗饱和方法简单直接得多。

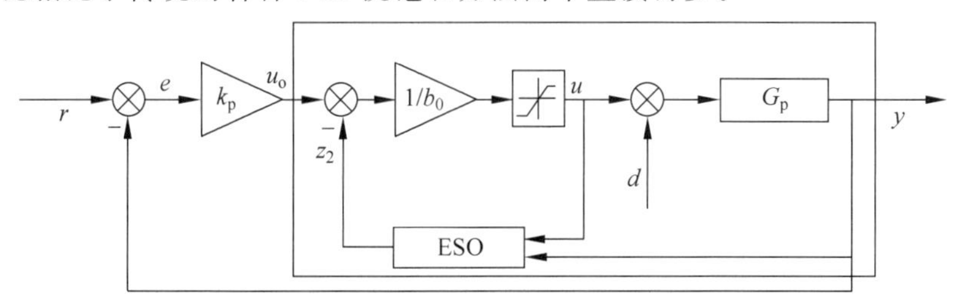

图 3.3　带抗积分饱和功能的一阶 ADRC 控制结构

综合3.1节的原理和本节的工程处理方法，一阶ADRC控制器可以在Ovation DCS下组态为如图3.4所示的控制逻辑，该逻辑可以被直接下载到分散控制器中在线使用。

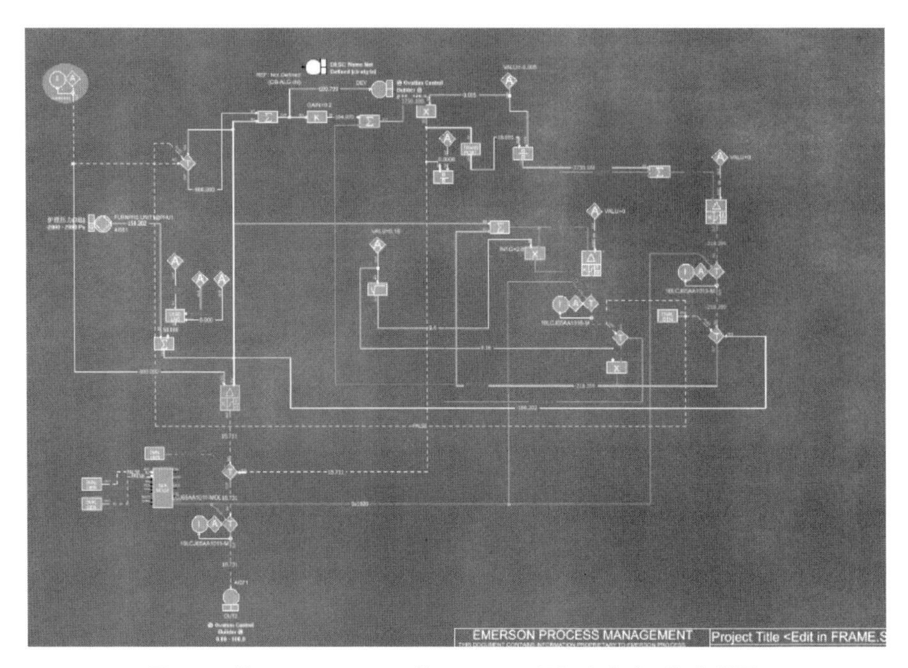

图3.4 基于Ovation DCS的ADRC工程组态方案（前附彩图）

3.3 参数自整定工具和重调策略

为方便现场工程师应用自抗扰控制器，本节基于鲁棒回路成型的方法开发一种基于对象模型的自抗扰控制器参数自整定工具。首先，参数 b_0 可以在将对象传递函数模型转化为式(3-1)的形式后更加容易地得到。参数 k_p 可以基于式(3-9)由预期的控制性能决定。参数 ω_o 的调整需考虑闭环控制系统的鲁棒性。为此，现将3.1节介绍的控制律转化为如图1.3所示的二自由度控制结构，其中，

$$G_c(s)=\frac{k_p s^2+(\omega_o^2+2k_p\omega_o)s+k_p\omega_o^2}{b_0 s(s+2\omega_o)} \tag{3-13}$$

$$F(s)=\frac{k_p(s+\omega_o)^2}{k_p s^2+(\omega_o^2+2k_p\omega_o)s+k_p\omega_o^2} \tag{3-14}$$

因此，系统的最大灵敏度函数为

$$M_S = \| S(s) \|_\infty = \left\| \frac{1}{1+L(s)} \right\|_\infty \tag{3-15}$$

其中，$L(s)=G_c(s)G_P(s)$为系统的开环传递函数。可通过二分法程序自动搜索参数以使系统的最大灵敏度函数 M_S 等于预设的目标值。图 3.5 给出了参数自整定工具的界面。可以看出，只需要输入对象模型和控制目标(即预期跟踪速度和鲁棒性指标)，即可自动整定所需的所有参数值，并且给出了被控量和控制量的仿真结果、鲁棒回路成型示意图和在 10%参数摄动情况下的闭环系统蒙特卡洛鲁棒性检验的分布结果。

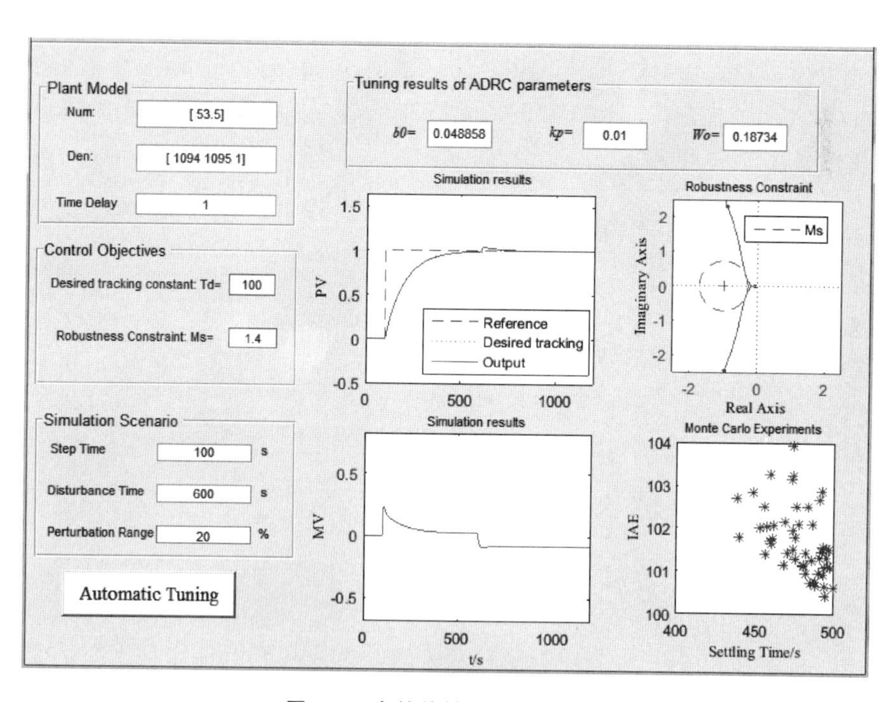

图 3.5　自抗扰控制自整定工具

不同于绝大多数运动体对象，热工过程的动态响应比较缓慢，其模型的惯性时间比较大，故采用本节介绍的自整定软件算出的 ADRC 控制参数 b_0 会比较小。虽然这并不影响式(3-9)所示的预期控制效果，但会带来在跟踪响应初期控制量的跳变现象，如图 3.5 的左下角所示。这种控制量的初始跳变会对执行器造成冲击，降低其可靠性和使用寿命。为分析该现象的原因，考虑 ADRC 闭环控制系统从设定值到控制量的传递函数：

$$G_{UR}(s)=\frac{k_p s^2+(2k_p\omega_o)s+k_p\omega_o^2}{(b_0+G_P k_p)s^2+(2b_0\omega_o+G_P\omega_o^2+2G_P k_p\omega_o)s+G_P k_p\omega_o^2} \tag{3-16}$$

根据初值定理，对于阶跃跟踪指令，控制量的初值为

$$u(0)=\lim_{s\to\infty}sR(s)G_{UR}(s)=\lim_{s\to\infty}s\frac{1}{s}G_{UR}(s) \tag{3-17}$$

由于对绝大多数稳定热工系统，存在 $G_P(\infty)=0$，因此式(3-16)可以进一步化为

$$u(0)=\frac{k_p}{b_0} \tag{3-18}$$

由式(3-18)可见，对于 k_p 已经由系统的预期动态决定的系统，一个远小于1的 b_0 将会使控制量产生很大的初始跳变。进一步考察系统的抗扰闭环传递函数：

$$G_{YD}(s)=\frac{(Pb_0)s^2+(2Pb_0\omega_o)s}{(b_0+Pk_p)s^2+(2b_0\omega_o+P\omega_o^2+2Pk_p\omega_o)s+Pk_p\omega_o^2} \tag{3-19}$$

由于工程中的扰动主要是低频扰动，因此考虑式(3-19)在低频范围内的近似式：

$$\begin{aligned}G_{YD}(s)&=\left.\frac{Pb_0s+2Pb_0\omega_o}{(b_0+Pk_p)s^2+(2b_0\omega_o+P\omega_o^2+2Pk_p\omega_o)s+Pk_p\omega_o^2}s\right|_{s\to 0}\\&\approx\frac{2Pb_0\omega_o}{Pk_p\omega_o^2}s=\frac{2b_0}{k_p\omega_o}s\end{aligned} \tag{3-20}$$

由式(3-20)可以看出，系统的低频抗扰响应正比于 $b_0/(k_p\omega_o)$，因此可以得出如下结论：

对于大惯性过程，为减小控制量的初始跳变幅度，同时维持闭环系统的跟踪和抗扰性能基本不变，一种可行的方式是将 k_p 保持不变，同时以相同的倍数增大 b_0 和 ω_o。

3.4 ESO的离散化及其稳定性

为避免控制量初期跳变，3.3节介绍了将 b_0 和 ω_o 同时增大的方法。那么一个自然的问题也随之出现——ESO的带宽 ω_o 是否有上界？实际上，由于DCS控制系统会对基于连续域描述的组态框图自动进行欧拉离散

处理，ESO 的带宽 ω_o 会受限于采样频率。考虑连续域 ESO 式(3-1)的欧拉离散形式：

$$\begin{pmatrix} z_1(k) \\ z_2(k) \end{pmatrix} = \begin{pmatrix} -2\omega_o T_s + 1 & T_s \\ -\omega_o^2 T_s & 1 \end{pmatrix} \begin{pmatrix} z_1(k-1) \\ z_2(k-1) \end{pmatrix} + \begin{pmatrix} b_0 T_s & 2\omega_o T_s \\ 0 & \omega_o^2 T_s \end{pmatrix} \begin{pmatrix} u(k-1) \\ y(k-1) \end{pmatrix} \tag{3-21}$$

其在 z 域内的传递函数为

$$\begin{pmatrix} z_1(z) \\ z_2(z) \end{pmatrix} = \begin{bmatrix} \dfrac{(T_s b_0)z - T_s b_0}{(z + \omega_o T_s - 1)^2} & \dfrac{(2T_s \omega_o)z + (T_s{}^2 \omega_o^2 - 2\omega_o T_s)}{(z + \omega_o T_s - 1)^2} \\ \dfrac{-T_s{}^2 b_0 \omega_o^2}{(z + \omega_o T_s - 1)^2} & \dfrac{(T_s \omega_o^2)z - T_s \omega_o^2}{(z + \omega_o T_s - 1)^2} \end{bmatrix} \begin{pmatrix} u(z) \\ y(z) \end{pmatrix} \tag{3-22}$$

在连续域描述式(3-3)中，只要 ω_o 为正，即可得到稳定的 ESO。然而，离散 ESO 的有一个重极点 $z = 1 - \omega_o T_s$。因此，离散 ESO 的稳定性取决于该重极点是否位于单位圆内。显然，存在如下结论：

对采样时间为 T_s 的离散控制系统，ESO 带宽 ω_o 的上限为 $\omega_o < 1/T_s$。

综合 3.3 节的结论，为避免控制量的初始大幅跳变，可以在自整定参数的基础上同时增大 b_0 和 ω_o，增大倍数越多，跳变幅值越小。然而，增大倍数受限于 ω_o 的上限，即 $\omega_o < 1/T_s$。这点需在实际的工程应用中重点考虑，本书第 4 章将会介绍一个因忽略该问题而造成系统失稳的案例。

3.5　水箱测试试验

3.5.1　试验平台介绍

本节搭建如图 3.6 所示的水箱试验平台，验证前述理论的正确性。该试验平台的被控对象为水箱内的液位，执行器为水泵，通过调整水泵转速控制水箱内液位的高低。显示器可以实时反映控制系统各个变量的变化趋势。控制系统为浙江大学中控 DCS 控制系统，该控制系统可以实时在线调整控制器参数。基于该试验系统，本节将验证一阶 ADRC 控制器的组态的正确性、抗饱和性能、无扰切换能力和参数整定方面的理论。

3.5.2　一阶 ADRC 控制逻辑的基础测试

为验证一阶 ADRC 组态逻辑的正确性，参数调节的简易性及其相对于

图 3.6 水箱试验平台

传统 PI 控制的优越性，作者与一位 PI 整定现场专家在没有获得对象模型的条件下，分别手动整定了一组 ADRC 和 PI 控制参数，控制结果分别如图 3.7 和图 3.8 所示。试验结果验证了 ADRC 逻辑的有效性。另外，试验结果说明，一阶 ADRC 具有在模型缺失的条件下直接手动整定出合理参数的性质。这一性质使一阶 ADRC 具有现场大规模投用的潜力，而这是许多基于模型的先进控制方法无法实现的。

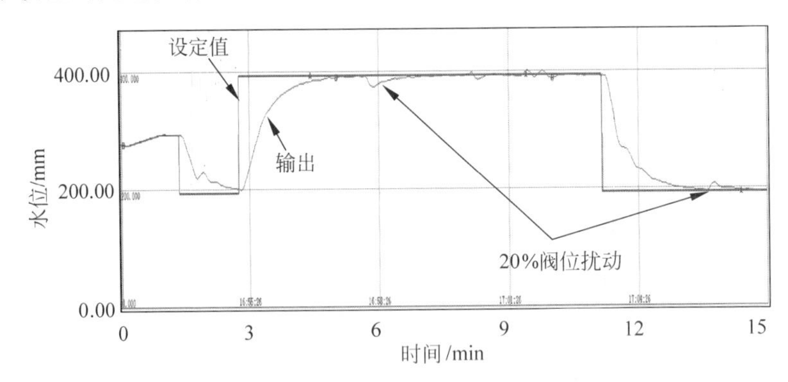

图 3.7 基于水箱试验平台的 ADRC 手动整定控制效果

对比图 3.7 和图 3.8 可见，经过充分整定的 ADRC 控制器具有显著提高原有 PI 控制性能的潜力。由试验结果可见，一阶 ADRC 的跟踪响应具有快速无超调的优点；另一方面，其抗扰响应也远远优于 PI 控制器。因此，试验结果充分体现了 ADRC 的二自由度性质。

基于 3.2 节介绍的方法，图 3.9 给出了一阶 ADRC 与原有 PI 控制器的无扰切换和抗执行器饱和的测试结果。试验结果验证了本书所提策略的

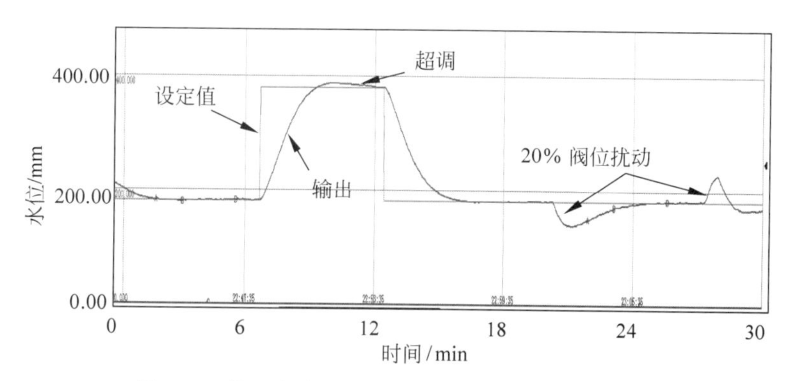

图 3.8　基于水箱试验平台的 PI 手动整定控制效果

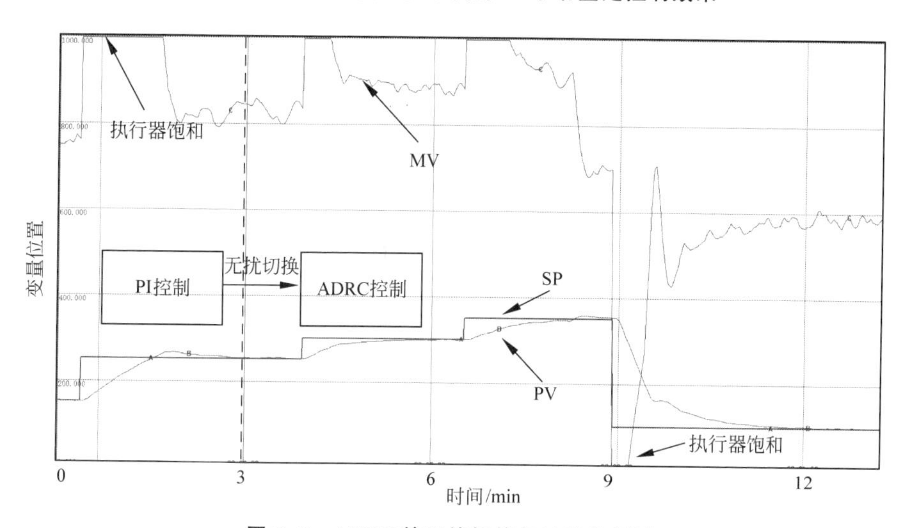

图 3.9　ADRC 的无扰切换与抗饱和测试

可行性，为第 4 章的现场应用奠定了基础。

3.5.3　一阶 ADRC 参数自整定工具与重调策略的验证

基于开环阶跃响应试验，应用 MATLAB 辨识工具箱可以方便地得到被控对象的传递函数模型：

$$G_{\mathrm{P}}(s)=\frac{53.5}{(1+1094s)(1+s)}\mathrm{e}^{-s} \tag{3-23}$$

可以将该模型的为二阶惯性分别看作水箱和执行器的动态特性。基于该模型，设定预期跟踪响应时间为 100 s，灵敏度鲁棒性约束 $M_{\mathrm{S}}=1.4$，利用自整定工具得到设计参数为 $b_0=0.049$，$k_{\mathrm{p}}=0.01$，$\omega_{\mathrm{o}}=0.187$。仿真结果如图 3.5 右下方所示。如前所述，尽管其跟踪响应、抗扰响应和鲁棒性测试均较为理想，但控制量存在较大的初值跳变问题。为解决这个问题，采用 3.3 节提出的方法，分别以 5 倍和 10 倍同时增大 b_0 和 ω_o，同时保持 k_p 不变，被控量和控制量的仿真结果如图 3.10 所示。由图所示的仿真结果可见，各参数组下的跟踪响应和抗扰响应几乎完全重合。由放大图可见，经过重调后的参数只在跟踪响应的初始时刻略微落后于原始参数组，然而却使控制量的初始跳变大幅下降。因此，仿真结果充分验证了重调策略的可行性。

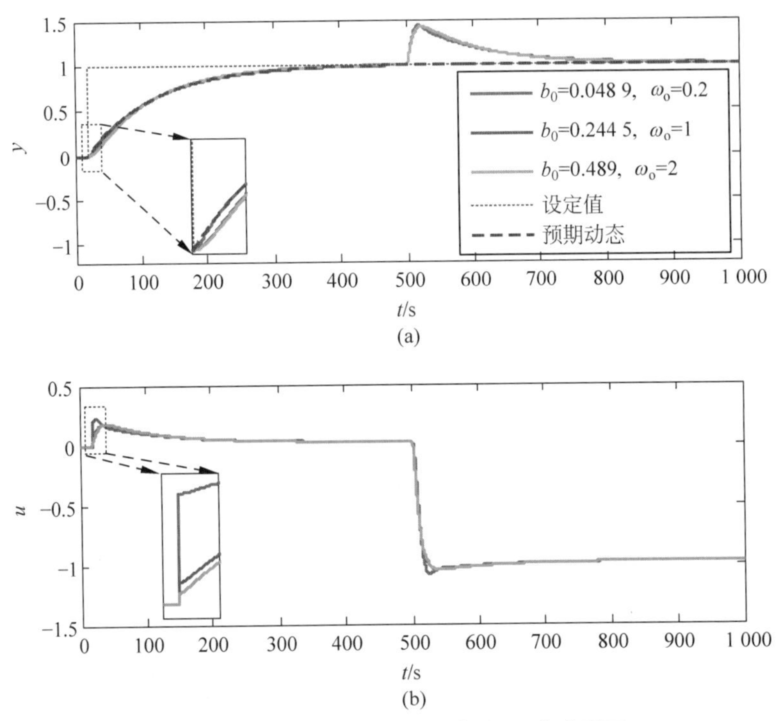

图 3.10 ADRC 的参数重调仿真结果(前附彩图)

$k_p=0.01$

将上述原始参数和重调参数置入试验平台进行试验验证，试验结果如图 3.11 所示。图中第①阶段为参数自整定工具得出的原始参数和控制结果，第②阶段和第③阶段分别为将 b_0 和 ω_o 同时增大 5 倍的试验效果。试验结果得到了与仿真结果类似的结论，即本书提出的重调策略可以避免控制量的初始跳变(如图 3.11 的椭圆形标注 A 和 B 对比可见)，与此同时，跟踪和抗扰的控制性能几乎没有明显变化。

为进一步验证单个参数变化对控制性能的影响，第④阶段在原始参数

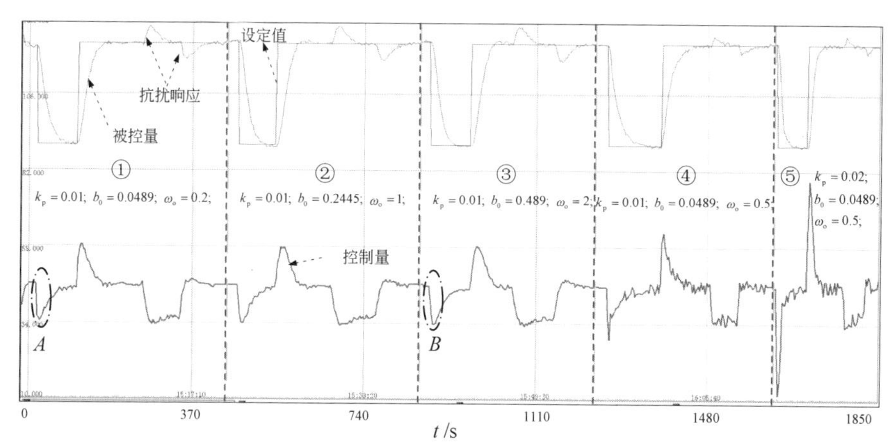

图 3.11　ADRC 的参数重调试验结果

的基础上单独将 ω_o 增大 2.5 倍。可以看出，由于决定跟踪预期动态的参数 k_p 不变，系统的跟踪响应基本维持不变。但是，抗扰响应显著增强，与之而来的代价是控制量对噪声较为敏感。

在第④阶段的基础上，第⑤阶段进一步将 k_p 增大两倍，可以看到系统的跟踪响应显著加快，抗扰响应也有一定程度的改进，因此验证了式(3-9)和式(3-20)的合理性。

3.5.4　时滞对象 TD-ADRC 参数整定方法的试验研究

3.5.3 节介绍的自整定方法适用于最小相位系统，对于大时滞对象，本书 2.2 节针对一种改进型 TD-ADRC 提出了一组推荐公式(2-48)，本节将基于水箱试验平台验证该方法的有效性。为达到试验目的，首先对试验水箱进行改造。一方面，减小水箱的横截面积以减小对象的惯性时间；另一方面，人为增加从控制器到执行器的时滞时间，使系统具有一定的大时滞特性。对改造后的系统在 50 mm 水位附近进行开环辨识试验得到模型：

$$G_P=\frac{23.6e^{-40s}}{850s+1}\tag{3-24}$$

如图 3.12 所示的辨识试验的对比结果显示了辨识模型较高的精度。由于这是实际对象，我们采用推荐初值 $k_\omega=20$，$\lambda=3$，基于式(2-48)可得 ADRC 控制器参数为 $b_0=0.0278$，$k_p=0.0072$，$\omega_o=0.024$。为公平对比，对于 SIMC-PI 整定方法[115]，仍然设置其预期动态式(2-46)中的 $\lambda=3$，可得其 PI 控制参数为 $k_p=0.225$，$T_i=640$。将 TD-ADRC 和 SIMC-PI 分别应用于水箱模型式(3-24)，可得的仿真对比结果如图 3.13 所示。仿真结果显示，

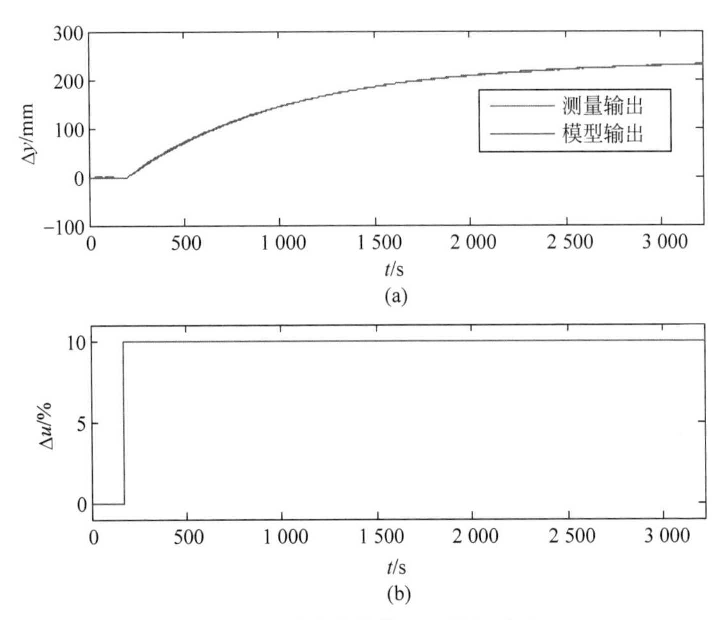

图 3.12 时滞水箱的开环辨识试验

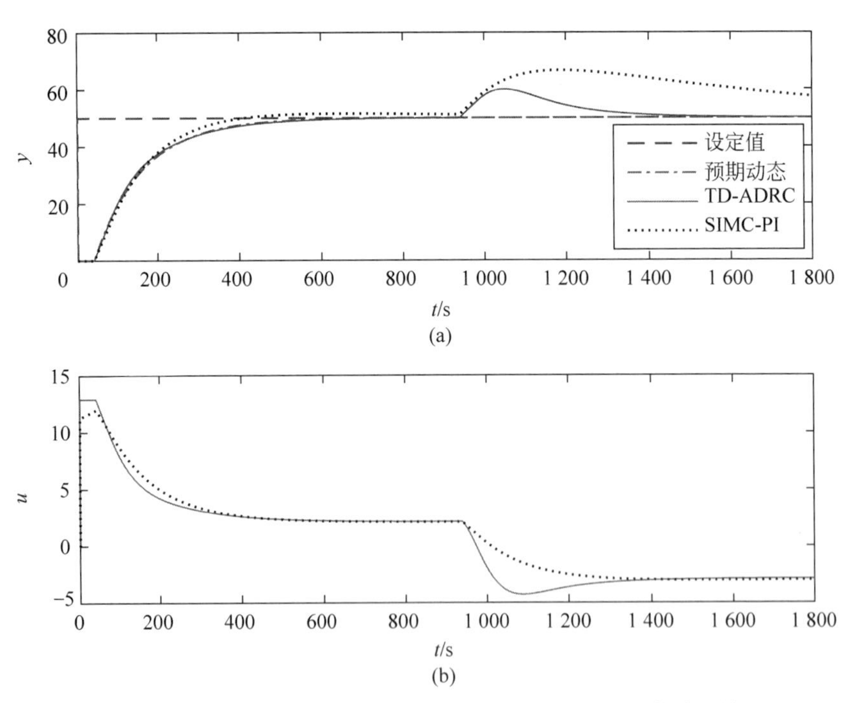

图 3.13 基于时滞水箱模型的 SIMC-PI 与 TD-ADRC 仿真对比结果

TD-ADRC 的跟踪响应更好地与预期动态吻合，且更快地到达稳态。另外，TD-ADRC 的抗扰响应远优于 SIMC-PI。二者的鲁棒性指标类似，M_S 均为 1.25，显示了实际应用时的保守性。进一步地，将上述参数应用到水箱试验系统，试验结果分别如图 3.14 和图 3.15 所示。可以看出，与仿真结果类似，SIMC-PI 与 TD-ADRC 的跟踪响应基本一致，但是 TD-ADRC 具有更快的抗扰响应。仿真与试验结果充分验证了 2.3 节提出的整定理论的有效性。

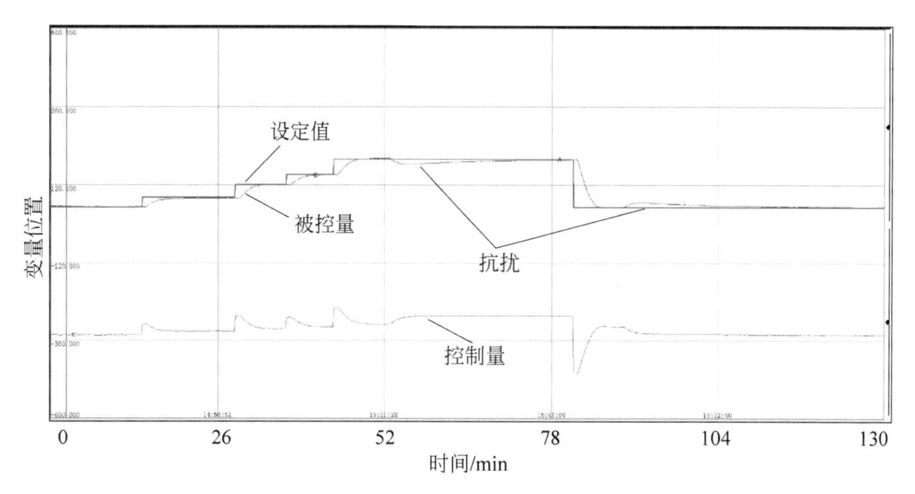

图 3.14　时滞水箱对象 SIMC-PI 试验结果

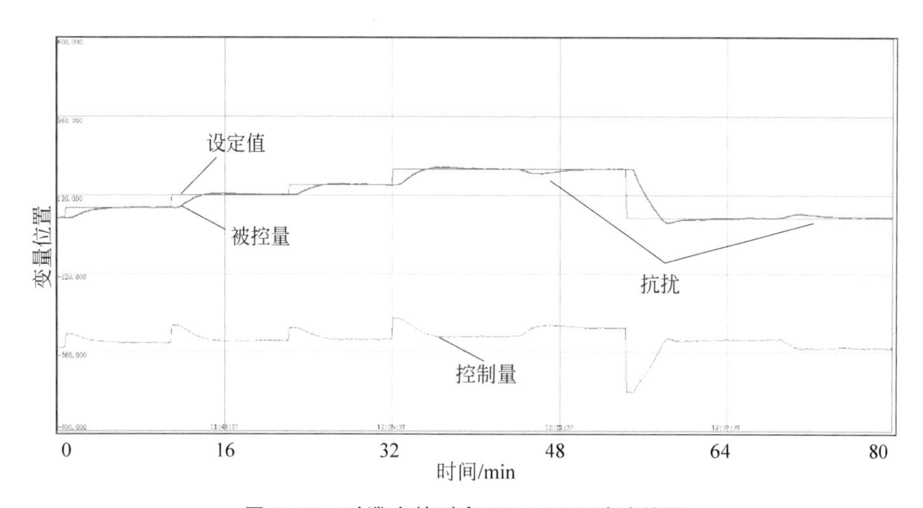

图 3.15　时滞水箱对象 TD-ADRC 试验结果

3.6 本章小结

为满足工程实现的简单性要求，并充分权衡控制性能和控制器的可实现性，本章重点研究了第2章中介绍的ADRC控制器，以期将其应用到热工现场。

基于一阶ADRC的数学描述，本章首先讨论了其工程实现的组态、抗饱和和无扰切换问题。为方便现场工程师应用，本章开发了一种基于鲁棒回路成型的一阶ADRC自整定工具，保证了控制器初始参数的投入安全性。针对自整定工具用于大惯性对象出现的控制量“初始跳变”问题，本章提出了一种简单的重调策略，即同时增大参数 b_0 和 ω_o，并基于离散化理论，给出了使采样控制系统稳定的一个必要条件，即参数 ω_o 须小于采样时间的倒数。

最后本章通过一系列水箱试验验证了本书所提理论的正确性。为第4章将一阶ADRC控制器真正投入热工现场奠定了基础。

第4章　自抗扰控制在单变量热工过程中的试验研究

基于前两章的理论和应用基础研究，本章将ADRC应用到几个典型的热工单变量过程中，并讨论ADRC在具体应用中需要注意的一些问题。

4.1　某超超临界机组的低压加热器凝结水位控制

4.1.1　过程描述

图4.1给出了某1000 MW超超临界机组的低压加热器。低压加热器是火电机组回热循环系统的主要设备，对提高机组热经济性具有十分重要的作用。图4.2给出了低压加热器的工作原理，这是一种表面式换热器，来自上一级换热器出口的冷工质进入本级换热器的管侧。这种冷工质与壳侧来自汽轮机中低压缸的热蒸汽进行充分换热，从而使管侧工质被加热，而壳侧蒸汽冷凝为水。

图4.1　某1000 MW超超临界机组低压加热器

值得注意的是，壳侧蒸汽冷凝而形成的水位需要维持在一个合理的液位上，主要原因如下。

(1) 水位较低说明抽汽的热量未能被充分利用，这将使该级加热器偏离设计工况，整体效率大大下降。

(2) 水位太高则将使换热热量不足，进而不能将工质加热到设计温度。如果水位太高，还存在倒灌入汽轮机的风险，危害汽轮机安全。

(3) 在扰动状况下，使水位尽可能小地偏离设计工况，将有助于回热系统稳定性，提高机组换热效率。

因此，低压加热器的水位控制是一个非常重要的问题，目前现场采用的PI控制器不能达到满意的运行效果，本节将采用自抗扰控制器提高该回路

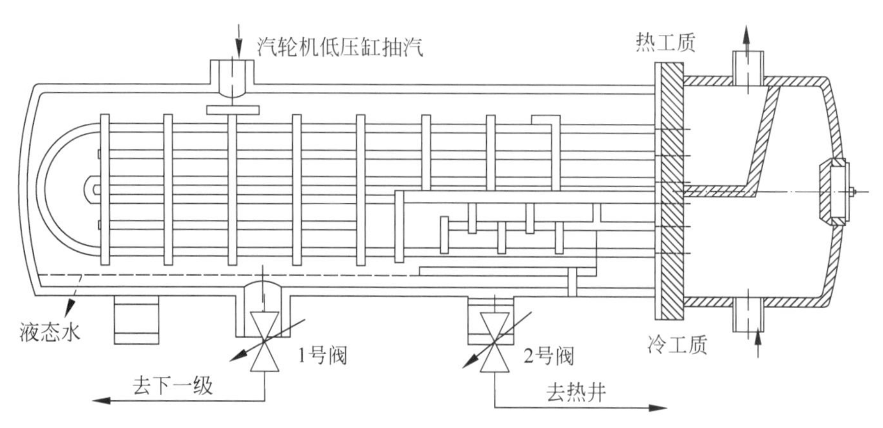

图 4.2 低压加热器工作原理图

的运行水平。该回路的被控量为低压加热器的凝结水水位,控制量为 1 号阀的阀门开度,该阀门可以控制凝结水流往下一级的水量,进而调节本级低压加热器内的水位。2 号阀是危急疏水门,在本节中我们将其作为扰动量。图 4.3 给出了整个低压加热器系统的 DCS 监控画面,本节所要控制的为 5 号低加。

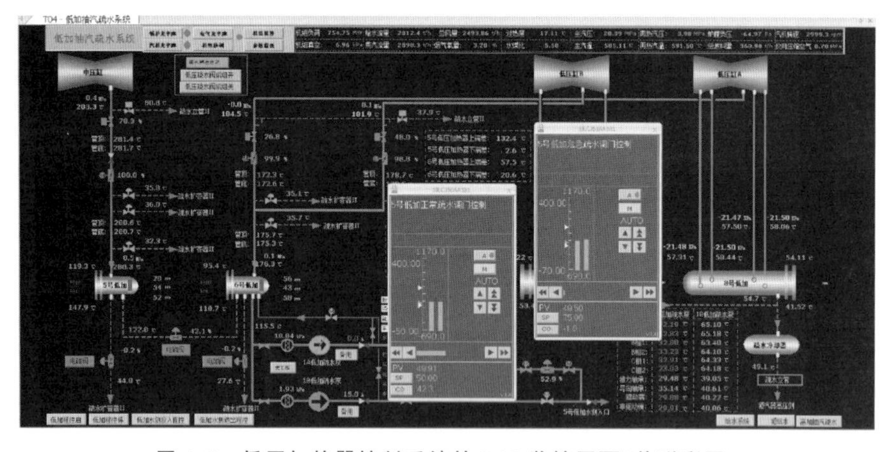

图 4.3 低压加热器控制系统的 DCS 监控画面(前附彩图)

4.1.2 过程辨识和控制仿真

为建立低压加热器的控制模型,在 20 mm 水位稳态点附近,将 1 号阀的开度减小 15%,得到水位响应曲线,如图 4.4 所示。由于水位的上限报警值为 100 mm,所以该辨识试验未能进入稳态就被切回调节状态,以避免

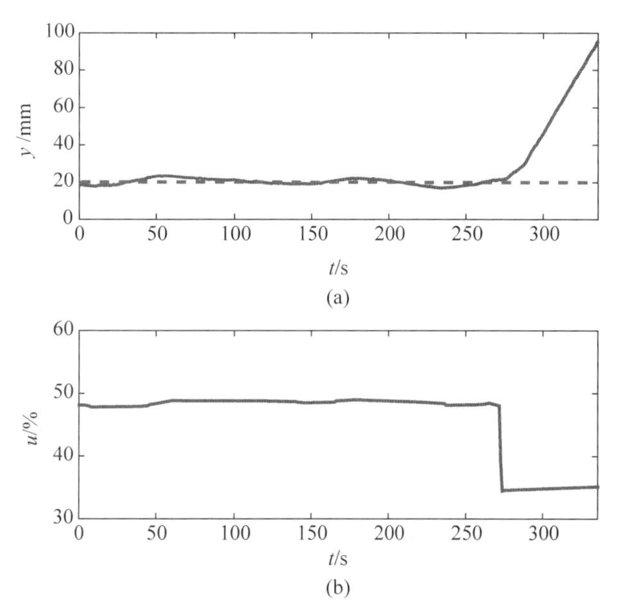

图 4.4　低压加热器开环辨识曲线

越过安全界限。经过该试验，可以大致测算出单位阶跃下被控量的上升速度约为 0.083 mm/s，再结合闭环数据，估算出该回路的静态增益约为 100，即在单位阀门开度阶跃下，水位将变化 100 mm。另外，考虑到过程存在 2 s 左右的时滞和电磁阀执行器本身具有 3 s 左右的惯性时间，基于以上信息，可以估算出一个被控过程的模型：

$$G_{\mathrm{P}}(s) = -\frac{100}{(1+1\,200s)(1+3s)}\mathrm{e}^{-2s} \tag{4-1}$$

由式(4-1)的导出过程可以看出，这是一个比较粗糙的模型，因此在控制设计中应当尤其重视鲁棒性约束。考虑到该过程的时滞时间较短，无需采用改进的 TD-ADRC 进行控制，故采用 3.3 节提出的自整定工具进行参数整定，该回路的主要任务是抗扰，对跟踪的要求不高，故设定预期跟踪时间常数为 100 s，鲁棒性指标为 $M_{\mathrm{S}}=1.4$，整定结果如图 4.5 所示。由整定结果可见，尽管被控模型(4-1)不是一阶过程，但其跟踪响应还是与预期动态吻合良好，这再次体现了一阶 ADRC 应用的通用性和鲁棒性。由于这是一个大惯性过程，基于原始整定参数的跟踪响应产生了较大的控制量初始跳变。为降低初始跳变的幅值，采用重调策略，b_0 和 ω_o 以同样的倍数增大至 -1 和 0.78，对比的仿真结果如图 4.6 所示。

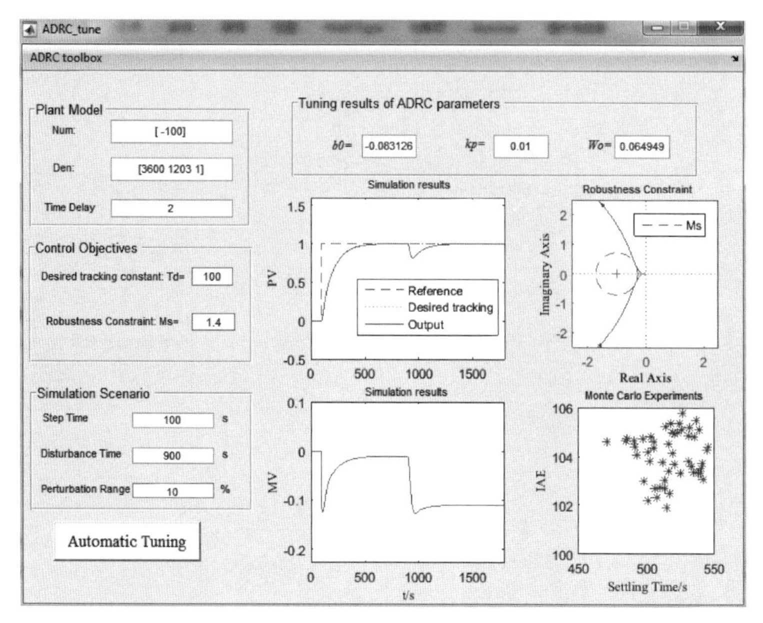

图 4.5 基于参数自整定工具的低压加热器过程 ADRC 参数整定

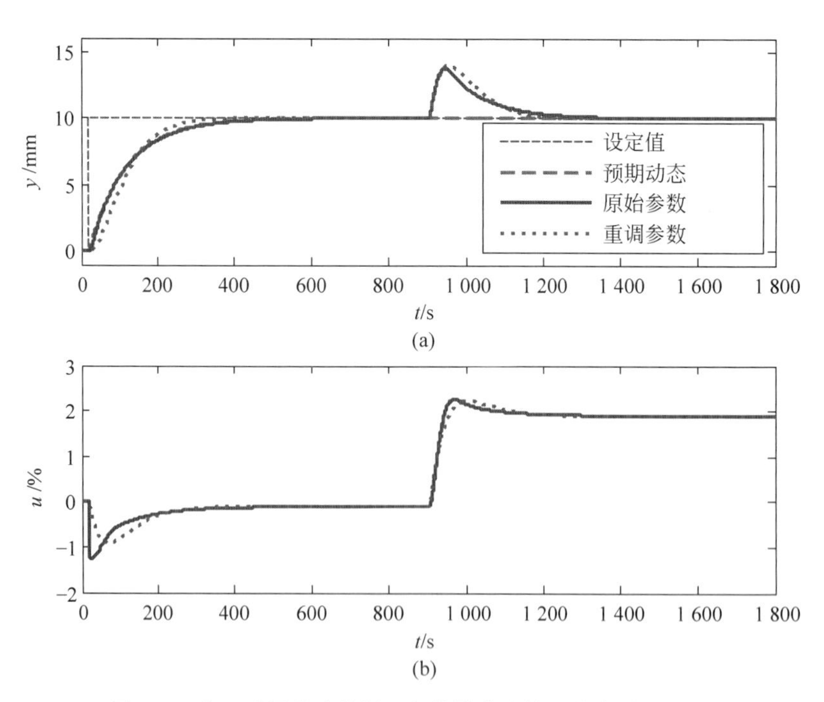

图 4.6 基于重调策略的低压加热器水位控制仿真对比结果

4.1.3 现场应用

该机组采用的控制系统是由ABB公司推出的Symphony Plus DCS控制系统。基于该系统组态ADRC控制器，并按照3.2节介绍的方法实现抗饱和保护和无扰切换功能。鉴于仿真结果的合理性和足够的鲁棒性，将重调后的参数投入DCS，并将原来的PI控制器切换为ADRC控制器，进行跟踪试验测试，测试结果如图4.7所示。由试验结果可见，ADRC控制产生的水位跟踪曲线几乎与预期动态完全一致，这充分说明了本书所提理论的正确性和可用性。

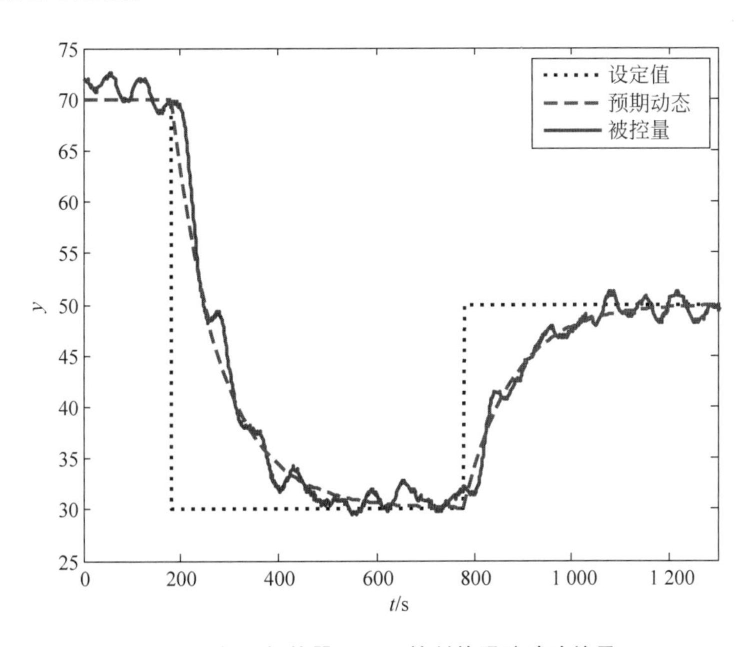

图4.7 低压加热器ADRC控制的跟踪试验结果

为与ADRC控制器进行控制对比，在现场工程师反复整定PI控制器参数后，得到了一组优化的结果，如图4.8所示。基于重调参数的控制结果如图4.9所示。两组试验分别测试了低压加热器水位的跟踪和抗扰性能。抗扰能力的测试是以变化2号阀门10%的开度进行的。由试验结果可见，ADRC控制器获得了较为平稳、理想的跟踪曲线，具有较小的超调量和较弱的振荡现象。另外，ADRC控制在跟踪响应初期的控制量跳变远小于PI控制。在抗扰性能方面，ADRC控制体现了远优于PI控制的特点，PI控制

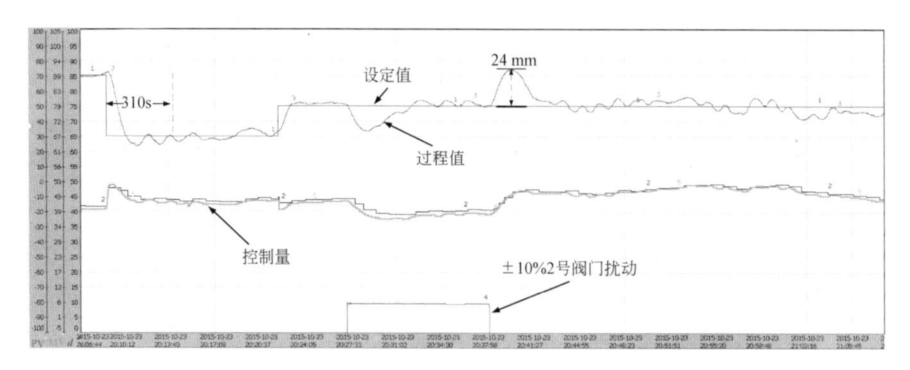

图 4.8 低压加热器 PI 控制的跟踪和抗扰试验结果

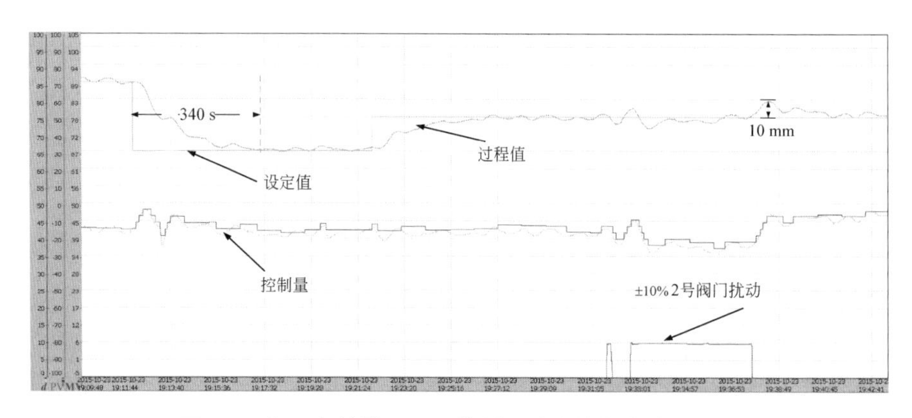

图 4.9 低压加热器 ADRC 控制跟踪和抗扰的试验结果

在抗扰过程中的最大偏差为 24 mm，而 ADRC 控制的最大偏差仅为 10 mm。

最后，我们讨论一种在调试过程中的特殊情况。基于 3.3 节提出的重调策略，现场运行人员将 b_0 和 ω_o 以同样的倍数增大至 -10 和 7.8，以期获得更平缓的控制量。然而将该组参数投入到 DCS 系统后，系统迅速发散，如图 4.10 所示。探究该事故的原因，发现该回路的 DCS 采样时间为 0.25 秒，那么按照 3.4 节的结论，ESO 的带宽 ω_o 的上限应为 4，小于目前的参数 7.8，由此造成控制系统不稳定。这个事故说明，在采用重调策略减小控制量初始跳变的过程中，应注意由离散化引起的 ω_o 上限问题。

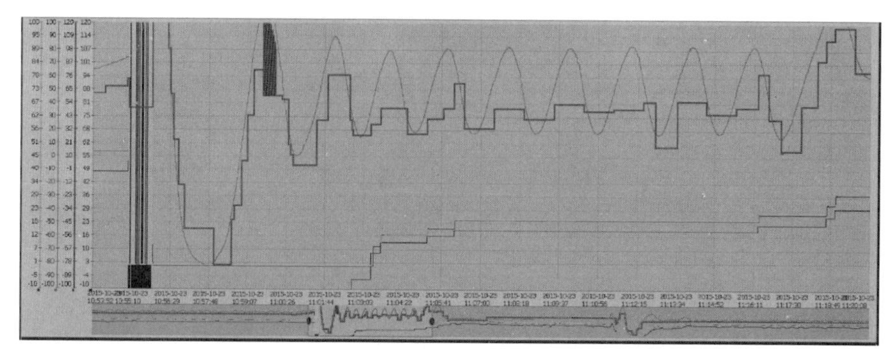

图 4.10　ADRC 调试过程的一次事故(前附彩图)

粉红线为水位测量值

4.2　某亚临界机组的磨煤机出口风温控制系统

4.2.1　过程描述

中速磨煤机目前广泛应用于火电机组的制粉系统。其主要功能是将输煤带传送来的原煤磨成一定细度的煤粉，并和一次风混合形成风粉流，进而送入炉膛燃烧。图 4.11 的某亚临界机组磨煤机的 DCS 监控画面显示了磨煤机的基本工作原理和主要运行参数。由图可以看出，磨煤机的一次风来源分为热一次风和冷一次风，其中热一次风的阀门一般处于全开状态，而冷一次风的调门则处于可调节状态。一般通过调节冷一次风调门的大小来调节磨煤机的出口风温。

磨煤机的出口风温是火电机组的一个重要调节参数，必须被严格控制在规定的参数区间内，且尽可能小地波动，其原因简述如下。

(1) 较低的磨煤机出口温度不利于煤粉的充分干燥，影响燃烧效率，甚至会使煤粉因湿度较大而聚结成块，进而造成输粉管堵塞。

(2) 较高的磨煤机出口温度可能会使煤粉在磨煤机或输粉管内自燃，导致重大安全事故。

(3) 平稳的磨煤机出口温度将减少对磨煤机本体和输粉管道的热应力波动，延长设备使用寿命。

在一般情况下，磨煤机的出口风温设定值由机组和对象的运行状态确定，且长期维持不变。因此，磨煤机控制的主要问题为抗扰问题，被控量为磨煤机出口风温，控制量为冷风调门开度，主要扰动为磨煤机进煤量的变化。

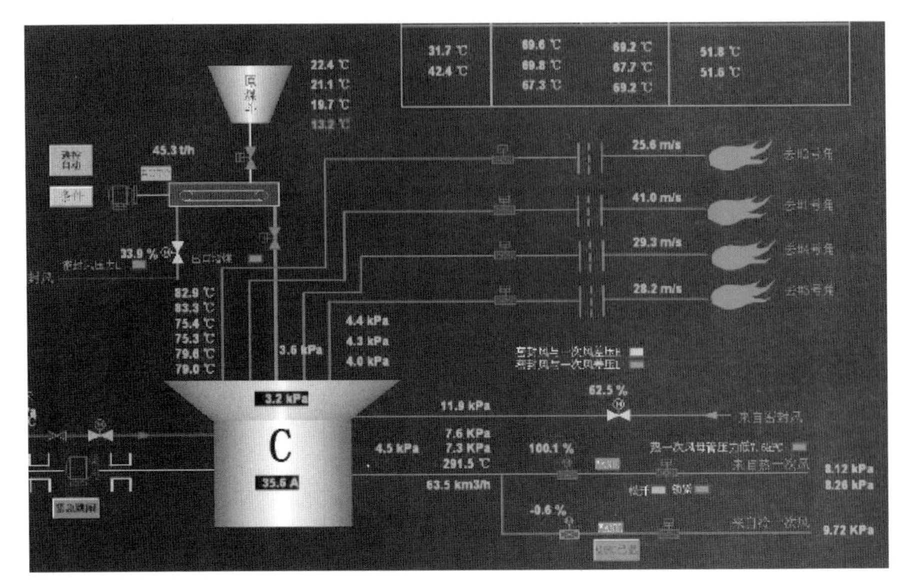

图 4.11 某亚临界机组磨煤机的 DCS 监控画面(前附彩图)

4.2.2 过程辨识和 TD-ADRC 控制仿真

为了解对象特性,首先请现场工程师在控制量为 22%阀门开度、被控量出口风温为 83℃稳态点附近完成开环阶跃试验,并使用 MATLAB 辨识工具箱辨识得到如下 FOPDT 模型:

$$G_P(s) = -\frac{0.28}{1+300s}e^{-50s} \tag{4-2}$$

模型输出与试验测量值的对比结果如图 4.12 所示。对比结果显示,该 FOPDT 模型可以较好地反应过程动态。值得注意的是,不同于低压加热器水位控制,磨煤机出口风温过程的时滞比较明显,故须采用改进的时滞自抗扰控制(TD-ADRC)方法。

由于是现场应用,为保证充分的安全性和鲁棒性,我们采用推荐初值 $k_\omega=20$,$\lambda=4$,基于式可得控制器参数为 $b_0=-9.33\times10^{-4}$,$\omega_o=0.067$,$k_p=0.0062$。图 4.13 给出了经 ESO 补偿后的补偿对象式(2-36)与理想的近似对象式(2-40)的频域对比图。由对比结果可见,在低频范围内,补偿对象与理想近似对象的特性非常接近,这将有利于后续控制目标的实现。

采用整定后的 TD-ADRC 参数与具有相同预期动态的 SIMC-PI 控制参数对模型式(4-2)进行控制,仿真结果如图 4.14 所示。可以看出,TD-ADRC

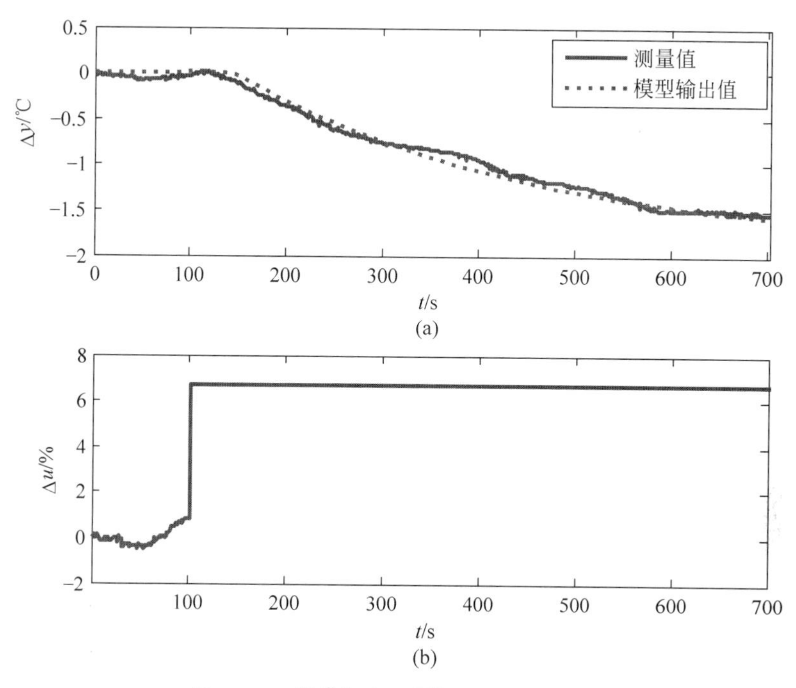

图 4.12　磨煤机出口风温开环辨识试验

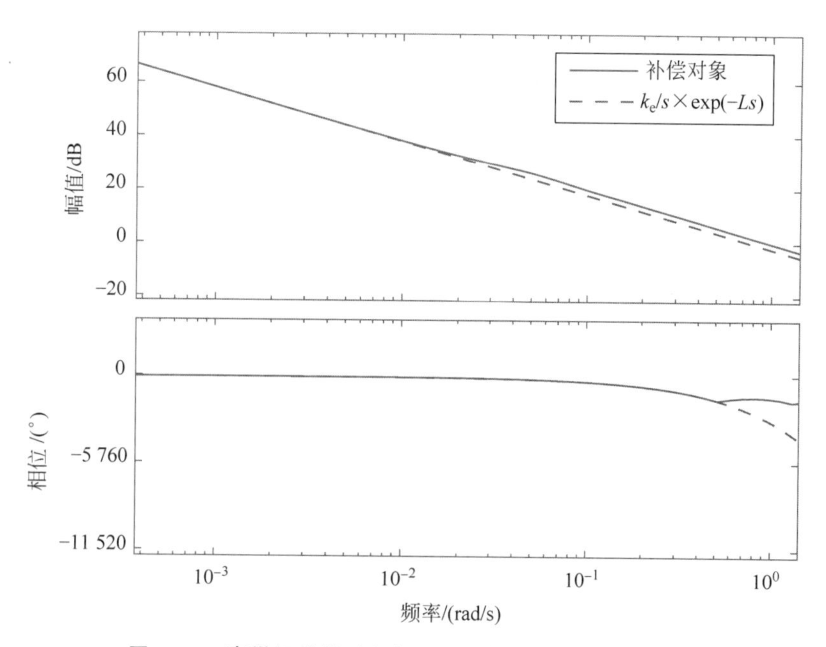

图 4.13　磨煤机补偿对象与近似对象的频率响应对比图

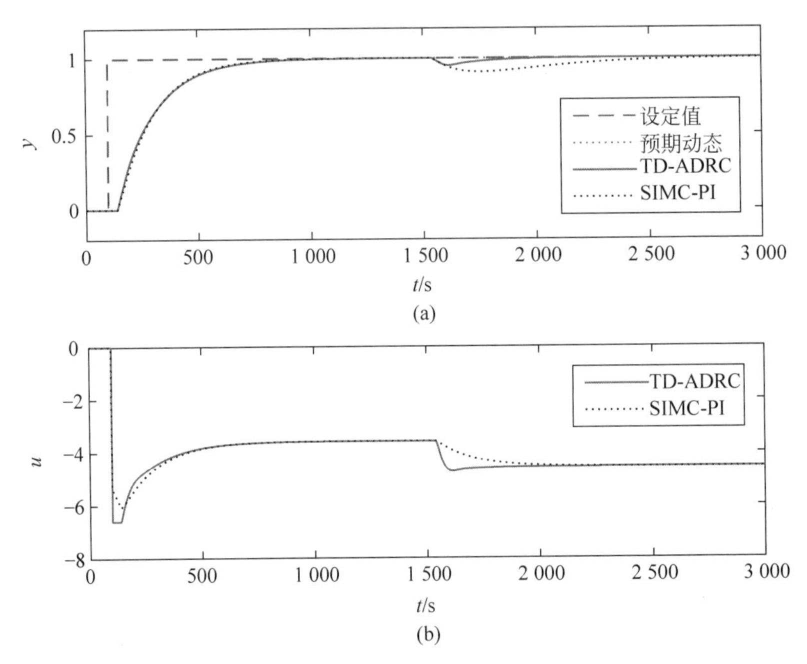

图 4.14　磨煤机出口风温控制仿真对比结果

和 SIMC-PI 均能使跟踪输出与预期动态良好匹配，但在抗扰动能力方面，TD-ADRC 则显示出了远优于 SIMC-PI 的能力。这一点与 2.3 节的仿真结论和 3.5 节的试验结论是一致的。

为进一步考察控制系统的鲁棒性，图 4.15 给出了 TD-ADRC 和 SIMC-PI 控制系统灵敏度函数在宽频域范围内的幅值变化曲线。可以看出，TD-ADRC 在相当一部分低频范围内对不确定性的灵敏度低于 SIMC-PI，且最大灵敏度函数 M_S 也小于 SIMC-PI。从总体评价来看，TD-ADRC 的闭环鲁棒性略优于 TD-ADRC。这就说，针对本例设计的 TD-ADRC，在抗扰性和鲁棒性上同时优于 SIMC-PI。

4.2.3　现场应用

鉴于 4.2.2 节的仿真结果已经充分验证了 TD-ADRC 用于磨煤机出口风温控制的有效性，本节将其投入到现场进行实际应用。该机组采用的是新华控制工程有限公司推出的 DCS 控制系统，具有在线组态、直接下载的功能。首先，基于 3.2 节介绍的工程实现方法在新华 DCS 控制系统里组态，然后将 4.2.2 节的整定参数投入使用。TD-ADRC 和 SIMC-PI 的

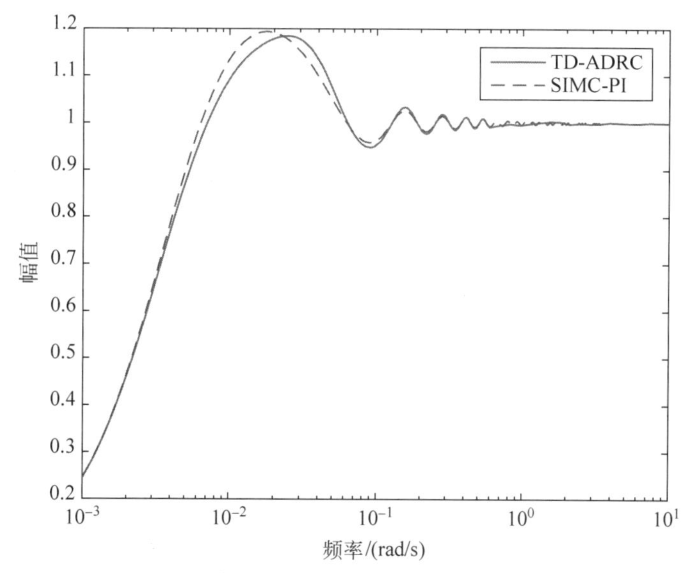

图 4.15　磨煤机控制系统灵敏度函数幅值对比

设定值跟踪试验结果如图 4.16 和图 4.17 所示。由试验结果可见，ADRC 控制器的跟踪效果略好于 PI 控制器，这是因为 ADRC 具有较好的抑制不确定性的能力。

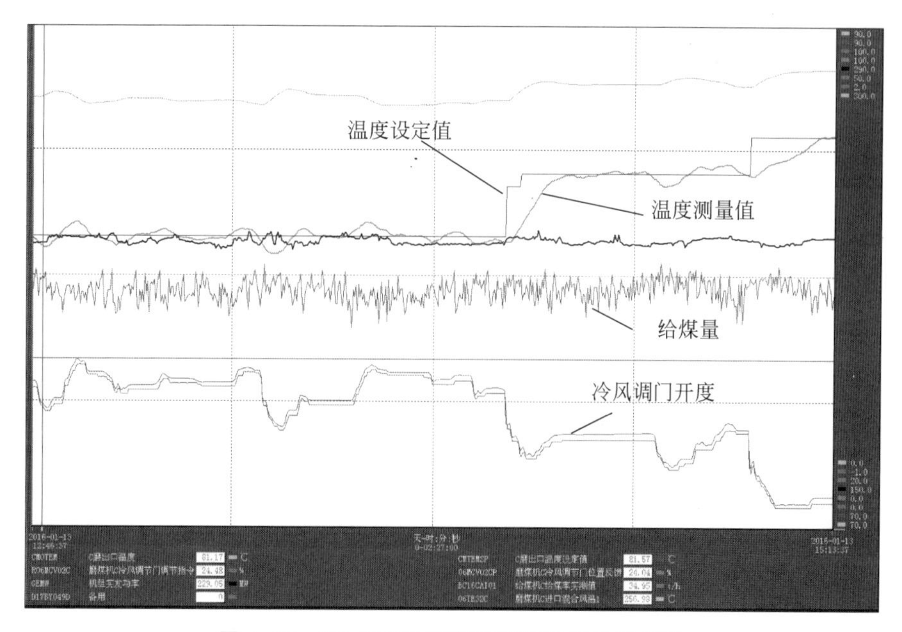

图 4.16　TD-ADRC 设定值跟踪控制试验结果

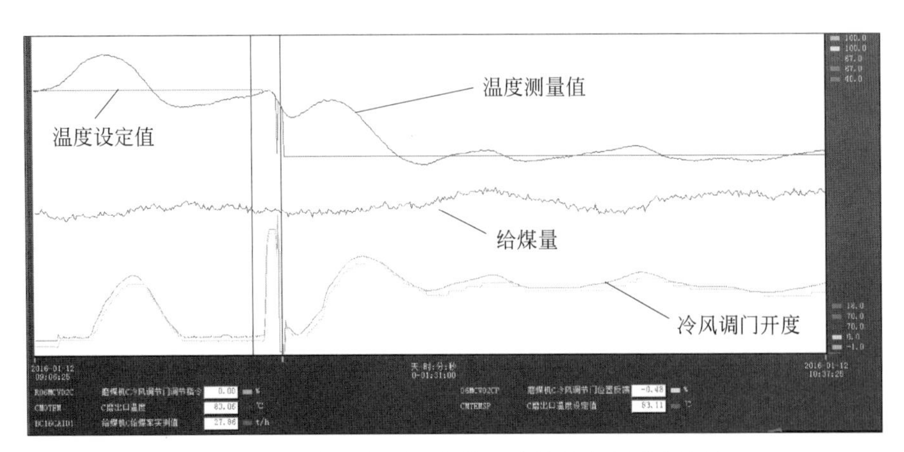

图 4.17　PI 控制器的设定值跟踪控制试验测试结果

在抗扰性能方面，由于我们不能要求运行人员向发电机组人为添加扰动，所以只能选择两组在给煤量波动相似的情况下的 ADRC 和 PI 运行曲线，如图 4.18 和图 4.19 所示。需要指出的是，两幅图中给煤量的量程均为 0～50，出口温度的量程均为 0～90。因此，可以得出结论，在 5 t/h 的给煤量波动条件下，ADRC 控制产生的最大温度偏差为 1.3℃，小于 PI 控制产生的 2.5℃偏差。

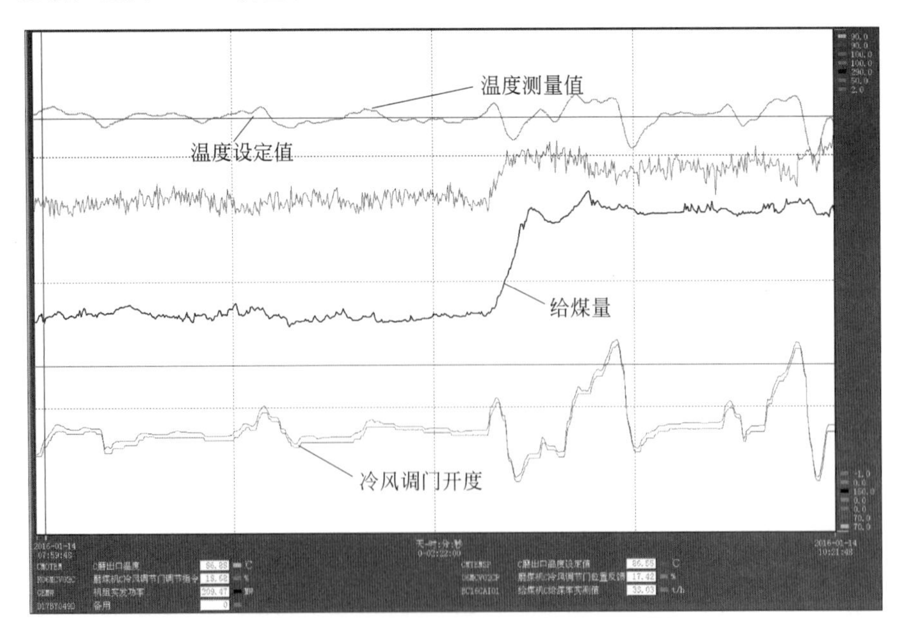

图 4.18　TD-ADRC 的抗扰试验测试结果

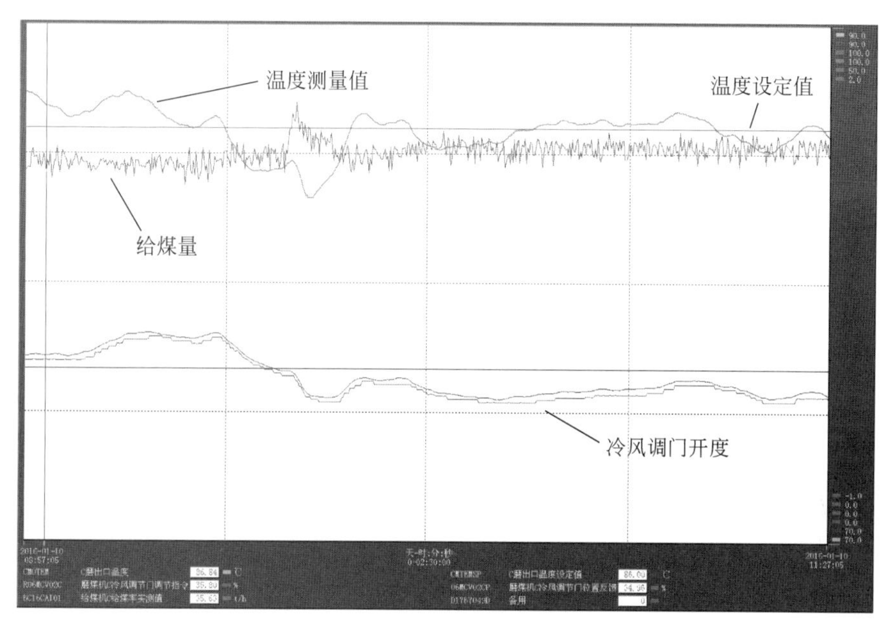

图4.19　PI控制器的抗扰试验测试结果

4.3　本章小结

本章成功地将ADRC控制器应用到两类典型的热工对过程中。为保证实际应用的安全性，本章遵照“开环辨识－仿真确认－现场应用”的顺序进行了试验。试验结果充分验证了前述两章提出的关于自抗扰控制器的理论基础和应用原则，着重展现了ADRC的如下性质：

(1) 实现简单，便于工程组态使用；

(2) 参数整定简便，且便于在线调整；

(3) 能够使设定值跟踪曲线与预期动态吻合良好，且抗扰能力强；

(4) 对工程中不可避免的各种不确定具有很强的鲁棒性。

本章研究对先进控制器在热工现场的实际投用也具有一定的借鉴意义。

第5章　二自由度控制在多变量热工过程中的仿真研究

本书第2章针对时滞和非最小相位等复杂单变量过程，介绍了多种单变量二自由度控制（PI，ADRC和UDE）的设计方法和稳定性理论，仿真结果充分验证了其所发展理论的正确性。第3章和第4章围绕工业应用，重点讨论了ADRC控制理论在工程实施中应注意的实际问题和在部分单回路热工过程中的试验结果。本章将讨论两种二自由度控制方法（DOB和ADRC）在多变量热工过程中的仿真应用。考虑到篇幅原因，本章将简要介绍DOB控制在流化床锅炉系统的应用，重点介绍ADRC在协调控制中的应用。

5.1　流化床锅炉燃烧系统的DOB控制方法

目前，DOB控制是单变量二自由度控制方法中发展最为成熟的，因此本书第2章并未对此进行讨论。本节将以流化床锅炉燃烧系统为例，重点讨论DOB控制在多变量控制应用中的解耦能力。

5.1.1　过程介绍

流化床锅炉燃烧是一种高效低污染清洁燃烧技术，其燃烧温度约为850～950℃，远低于常规煤粉炉，因此减少了氮氧化物的形成，且其对劣质燃料具有广泛的适应性。目前各种形式的流化床燃烧方式正受到工业锅炉和电站锅炉的广泛关注。图5.1为一种小型的30 MW沸腾式流化床锅炉的示意图。给煤经磨煤机和输煤带后送入床层，经底部流化风作用翻腾流动，充分燃烧。燃烧释放的热量加热锅炉给水，产生蒸汽送入汽轮机侧做功。流化床锅炉的主要被控变量为热负荷和床温，控制量为给煤量和一次风量。

为指导控制设计，文献[136]基于能量和物料平衡，提出了一种非线性流化床锅炉控制模型，其微分方程分别为

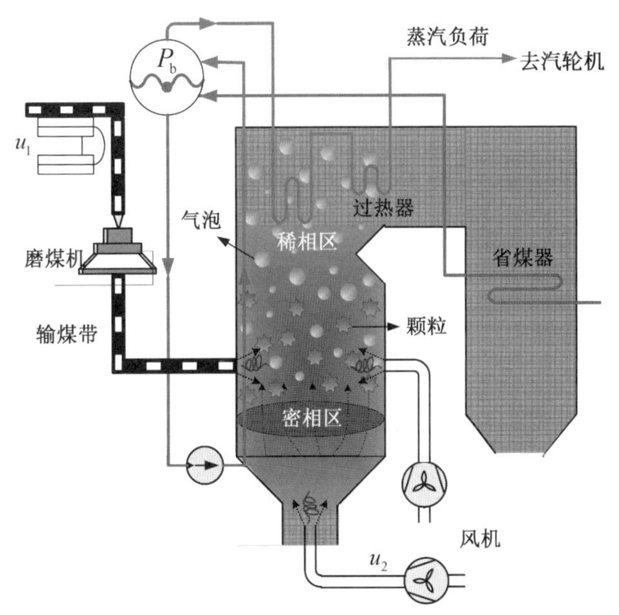

图 5.1　流化床锅炉燃烧系统示意图

Reprinted from Sun L, Li D, Lee K Y, Enhanced decentralized PI control for fluidized bed combustor via advanced disturbance observer, Control Engineering Practice, 2015, 42: 128-139, Copyright (2016), with permission from Elsevier.

密相区碳平衡：

$$\frac{\mathrm{d}W_{\mathrm{C}}(t)}{\mathrm{d}t}=(1-V)Q_{\mathrm{C}}(t)-Q_{\mathrm{B}}(t) \tag{5-1}$$

密相区氧平衡：

$$\frac{\mathrm{d}C_{\mathrm{B}}(t)}{\mathrm{d}t}=\frac{1}{V_{\mathrm{B}}}\left[C_1F_1(t)-Q_{\mathrm{B}}(t)X_{\mathrm{C}}-C_{\mathrm{B}}(t)F_1(t)\right] \tag{5-2}$$

稀相区氧平衡：

$$\frac{\mathrm{d}C_{\mathrm{F}}(t)}{\mathrm{d}(t)}=\frac{1}{V_{\mathrm{F}}}\{C_{\mathrm{B}}(t)F_1(t)+C_2F_2(t)-VQ_{\mathrm{C}}(t)X_{\mathrm{V}}-C_{\mathrm{F}}(t)[F_1(t)+F_2(t)]\} \tag{5-3}$$

密相区能量平衡(床温动态特性)：

$$\frac{\mathrm{d}T_{\mathrm{B}}(t)}{\mathrm{d}t}=\frac{1}{C_IW_I}\{H_{\mathrm{C}}Q_{\mathrm{B}}(t)+c_1F_1(t)T_1-\alpha_{\mathrm{B}t}A_{\mathrm{B}t}[T_{\mathrm{B}}(t)-T_{\mathrm{B}t}]-c_{\mathrm{F}}F_1(t)T_{\mathrm{B}}(t)\} \tag{5-4}$$

稀相区能量平衡：

$$\frac{\mathrm{d}T_{\mathrm{F}}(t)}{\mathrm{d}t}=\frac{1}{C_{\mathrm{F}}V_{\mathrm{F}}}\{VQ_{\mathrm{C}}(t)+c_{1}F_{1}(t)T_{1}-\alpha_{\mathrm{B}t}A_{\mathrm{B}t}[T_{\mathrm{B}}(t)-T_{\mathrm{B}t}]-c_{\mathrm{F}}F_{1}(t)T_{\mathrm{B}}(t)\} \tag{5-5}$$

整体能量平衡(热功率动态特性):

$$\frac{\mathrm{d}P(t)}{\mathrm{d}t}=\frac{1}{\tau_{\mathrm{mix}}}[P_{\mathrm{C}}(t)-P(t)] \tag{5-6}$$

其中,模型的输入量为给煤量 Q_{C}(记为 u_1,单位为 kg/s)和一次风量 F_1(记为 u_2,单位为 $\mathrm{N\cdot m^3/s}$),输出量为热功率 P(记为 y_1,单位为 MW)和床温 T_{B}(记为 y_2,单位为 K),其他的代数方程和详细的参数取值见文献[136]和文献[137]。

表 5.1 给出了流化床锅炉的几个稳态工况点,在工况点 1 附近将非线性模型线性化,可得如下的传递函数模型:

$$\begin{pmatrix}Y_1(s)\\Y_2(s)\end{pmatrix}=\begin{pmatrix}g_{11}(s) & g_{12}(s)\\g_{21}(s) & g_{22}(s)\end{pmatrix}\begin{pmatrix}U_1(s)\\U_2(s)\end{pmatrix} \tag{5-7}$$

表 5.1 流化床锅炉燃烧系统的几个典型稳态工况点

工作点	Q_{C}/(kg/s)	$F_1/(\mathrm{N\cdot m^3/s})$	P_{C}/MW	T_{B}/K
1	3.01	3.69	24.31	1 049
2	3.12	3.73	25.34	1 070
3	3.25	3.77	26.33	1 091
4	3.37	3.80	27.38	1 012
5	3.43	3.82	27.81	1 123

这里省略传递函数的具体表达式,给出基于该线性模型和原始非线性模型在工况点 1 附近的阶跃响应曲线,如图 5.2 所示。由阶跃响应结果可见,输出功率和床温之间存在较强的耦合,为控制设计带来了困难。另外,给煤量通道存在的时滞现象和一次风通道的非最小相位现象也为控制设计带来了一定的难度。

5.1.2 DOB 解耦能力分析

如图 1.4 所示的基于 DOB 结构的控制方法目前已经能够很好地适

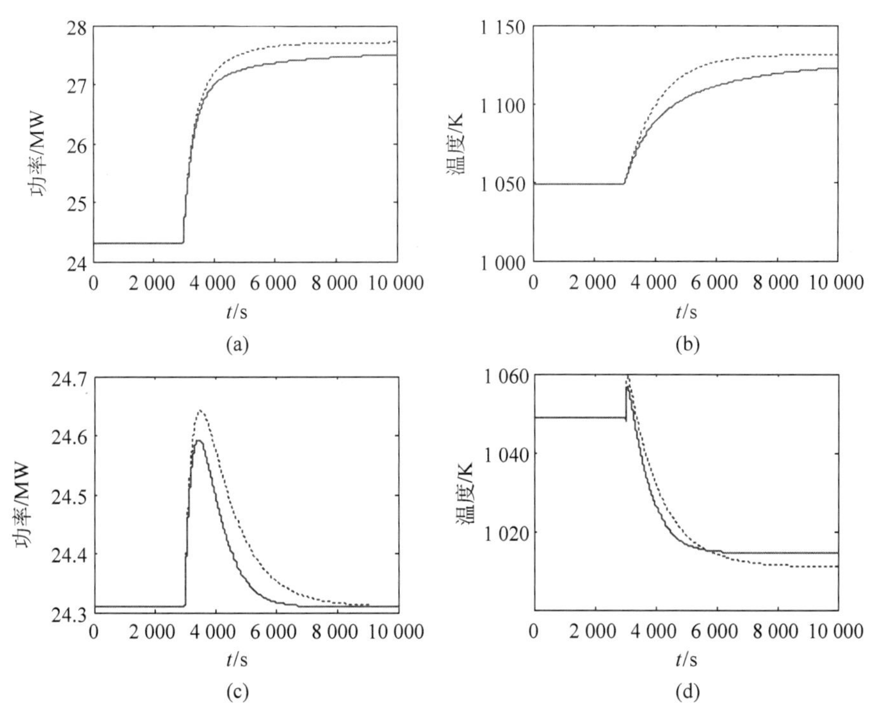

图 5.2　流化床模型阶跃响应图(前附彩图)

红实线为非线性模型,蓝虚线为线性模型

(a)和(b):对 $Q_C(u_1)$进行 0.4 kg/s 的阶跃;(c)和(d):对 $F_1(u_2)$进行 0.4 N·m^3/s 的阶跃

Reprinted from Sun L, Li D, Lee K Y, Enhanced decentralized PI control for fluidized bed combustor via advanced disturbance observer, Control Engineering Practice, 2015, 42: 128-139, Copyright (2016), with permission from Elsevier.

应单回路时滞过程和非最小相位过程。本节以二入二出系统为例,研究基于 DOB 的控制系统的解耦能力。图 5.3(a)给出了基于 DOB 的传统控制结构——一个分散 PI 控制结构附带了两个扰动观测器。将输出测量值拆分为两个子系统 g_{11} 和 g_{12} 的输出,分别送入 DOB 并反馈回控制量,如图 5.3(b)所示。考虑 DOB 对被控过程的"性能恢复"作用(详细分析见文献[138]),图 5.3(b)中经 DOB 补偿的灰框可以近似为 g_{11} 和 g_{22} 的建模模型 $\tilde{g}_{11}$ 和 $\tilde{g}_{22}$。因此,图 5.3(b)可以进一步等效为图 5.3(c),由图可以看出,基于 DOB 补偿的分散 PI 控制结构(简称"DOB-PI")实际上等价于逆解耦控制结构[139]。值得注意的是,完全等价的前提是 g_{11} 和 g_{22} 可逆,也就是对角元传递函数不能含有时滞环节或非最小相位环节。但是,即使当该条件不能被满足时，DOB-PI 也至少具有静态解耦能力。以上结论可以容易地被推广到任意维多变量系统。

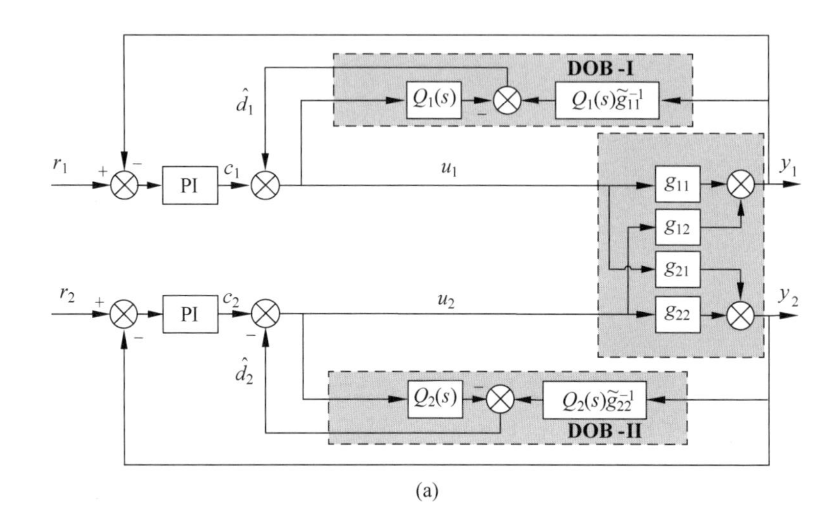

(a)

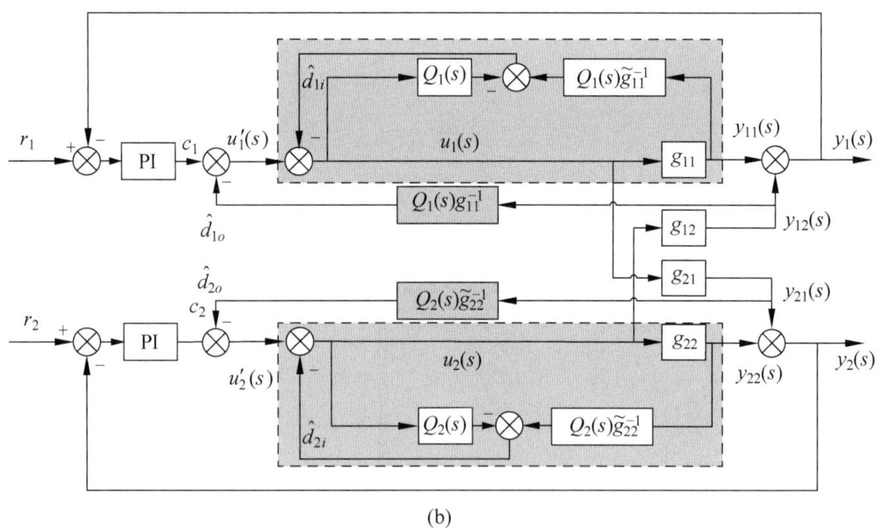

(b)

图 5.3 DOB 解耦能力分析

(a) 基于 DOB 的传统控制结构；(b) 拆分输出量的等效结构；

(c) 最终等效结构-逆解耦控制结构

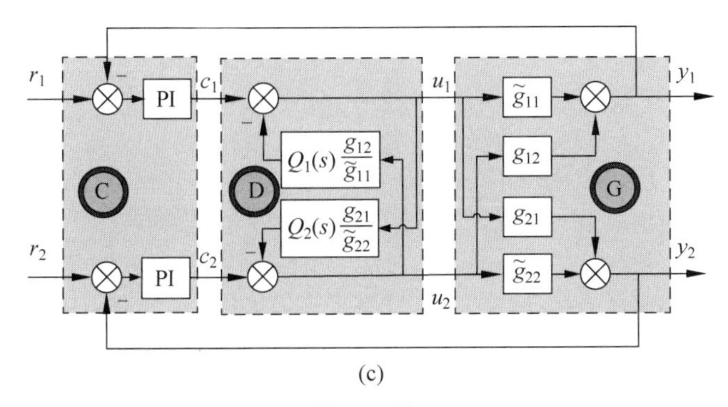

(c)

图 5.3(续)

最后,为了分析 DOB-PI 的解耦能力,我们考察一个简单的最小相位系统,

$$G(s)=\begin{pmatrix}\frac{2}{1+5s} & \frac{1.2}{1+s}\\ \frac{1.5}{1+4s} & \frac{3}{1+2s}\end{pmatrix} \tag{5-8}$$

对其分别设计分散式 PI 控制结构和 DOB-PI 控制结构,仿真结果如图 5.4 所示。仿真结果充分验证了 DOB 用于分散式控制结构的解耦能力。

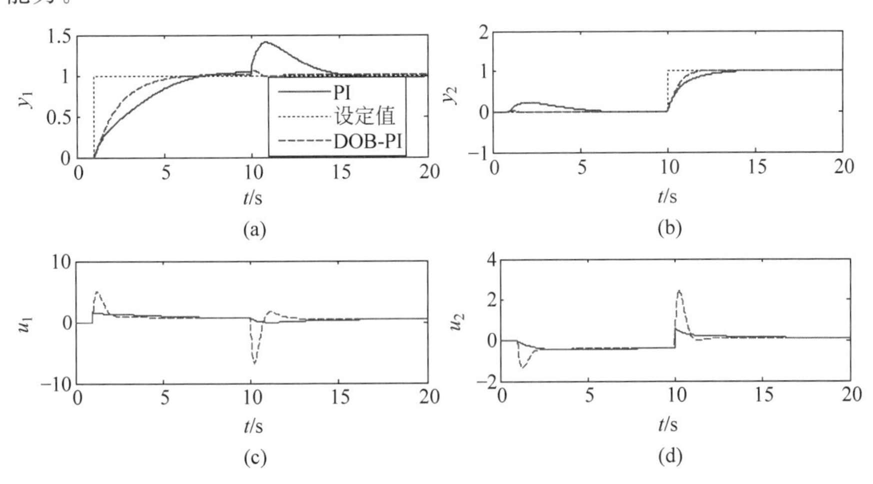

图 5.4　DOB 解耦能力仿真结果

(a)和(b):被控量;(c)和(d):控制量

5.1.3 仿真结果

将 DOB-PI 控制策略应用到流化床锅炉的非线性模型式(5-1)～式(5-6)中,如图 5.5 所示,其中两个 DOB 的滤波器设计为

$$Q_1(s)=\frac{1+19.5s}{(1+15s)(1+100_1 s)^n},\quad Q_2(s)=\frac{1+4.08s}{(1+120s)^4} \tag{5-9}$$

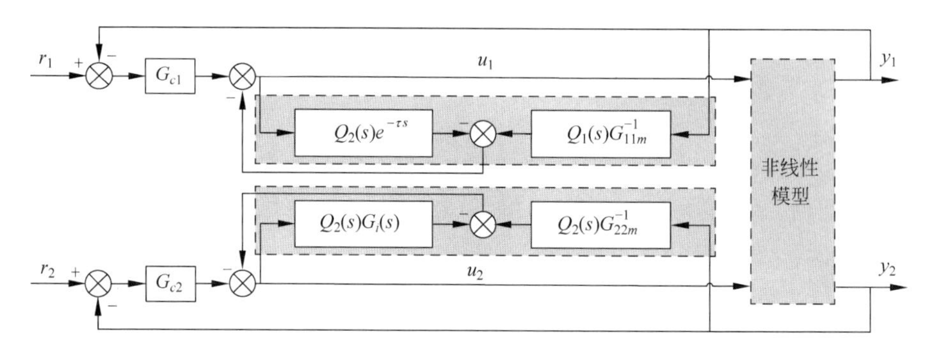

图 5.5 流化床锅炉 DOB-PI 控制系统

具体设计过程参见文献[137]。进而,基于对角元传递函数,设计 PI 控制器如下:

$$G_{c1}=0.04\left(1+\frac{1}{1+200s}\right),\quad G_{c2}=-0.01\left(1+\frac{1}{1+909s}\right) \tag{5-10}$$

首先进行设定值跟踪试验,将负荷和床温的设定值逐渐由工况 1 调整到 2→3→4→5,并将 DOB-PI 仿真结果与分散 PI 和状态空间 MPC 比较,结果如图 5.6 和图 5.7 所示。由结果可见,相对而言,DOB-PI 对工况的变化最不敏感,这体现了 DOB 的"性能恢复"能力。由于 DOB 的解耦能力,DON-PI 的耦合效应远远好于分散 PI 控制系统。MPC 控制器在低负荷附近取得了良好的跟踪和解耦性能,但是在高负荷区趋于震荡,这体现了其对于模型的敏感性。另外,MPC 的计算量和实现难度要远远高于 DOB-PI。

关于更多的技术实现细节、抗扰仿真和分析讨论可参见文献[137]。

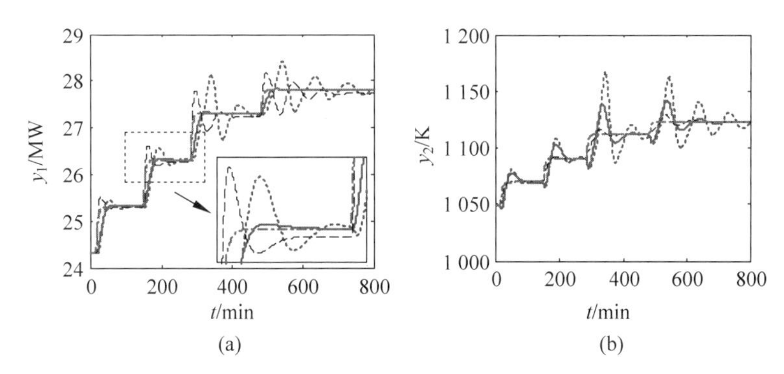

图 5.6　设定值跟踪响应的被控量仿真对比(前附彩图)

绿点画线：设定值；红实线：DOB-PI；蓝点线：PI；黑虚线：MPC

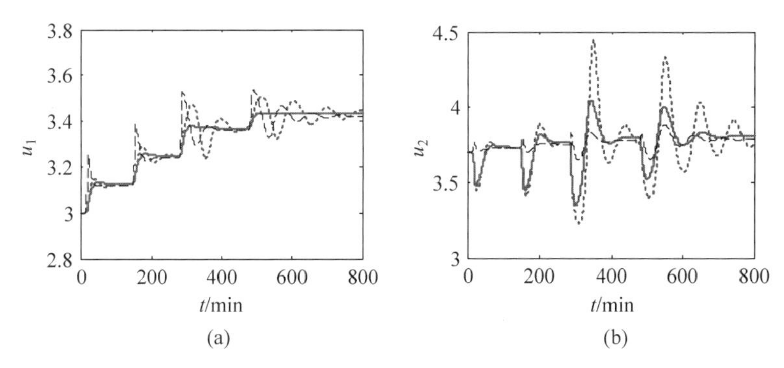

图 5.7　跟踪响应的控制量仿真(前附彩图)

红实线：DOB-PI；蓝点线：PI；黑虚线：MPC

5.2　基于直接能量平衡的亚临界火电机组 ADRC 协调控制方法

5.2.1　过程介绍

目前亚临界机组仍然占据着我国发电容量的很大部分，研究亚临界机组的协调控制对提升机组经济性和安全性具有重要的意义，且可以为超(超)临界机组的先进控制奠定基础。

图 5.8 给出了亚临界机组的发电流程图。一般而言，机组负荷控制系

统也被称作“协调控制系统”(coordinated control system,CCS),其被控变量为输出功率 N_e 和主汽压力 p_T,控制量为给煤量 u_B 和汽轮机调门开度 μ_T。一般而言,CCS 控制系统存在如下的要求。

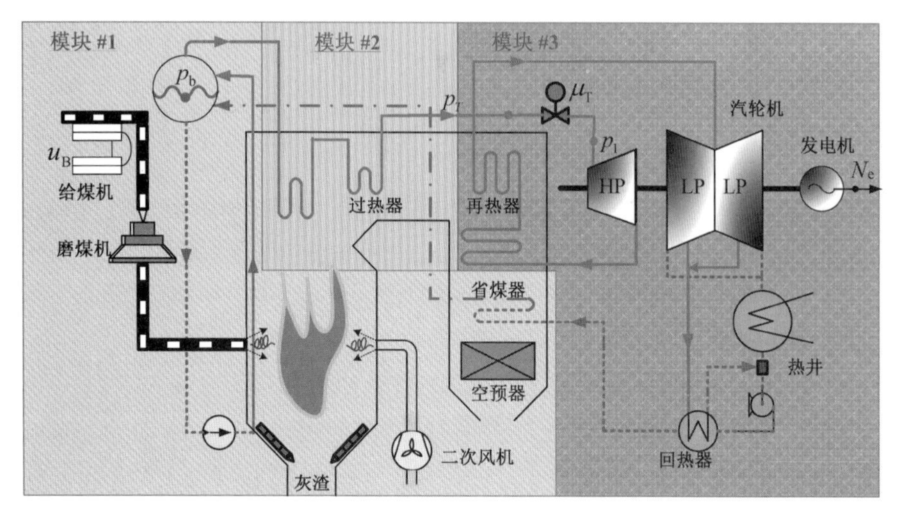

图 5.8　亚临界机组示意图

Reprinted from Sun L, Li D, Lee K Y, et al, Control-oriented modeling and analysis of direct energy balance in coal-fired boiler-turbine unit, Control Engineering Practice, 2016, 55: 38-55, Copyright (2016), with permission from Elsevier.

(1) 发电输出要实时跟踪中调指令,以满足电网调峰调频的要求。目前电网对机组的负荷跟踪要求一般为每分钟能够增减满负荷的 1.5%～2%。以 300 MW 机组为例,电网要求机组 CCS 控制系统能够达到每分钟变化 4.5～6 MW 负荷。

(2) 在调节负荷的同时,主汽压力的变化幅值不能超过一个安全限值,一般设为±0.4 MPa;

(3) 机组功率输出和主汽压力的波动受煤质波动的影响越小越好。

目前现场采用的 CCS 控制策略大多为基于直接能量平衡(direct energy balance,DEB)进行分散 PI 和负荷前馈的综合设计,如图 5.9 所示。其中,p_1 为调节级压力,p_b 为汽包压力,p_r 为主汽压力设定值。DEB 控制方法的特点在于其将锅炉侧被控量 p_T 修正为一个热量信号:

$$Q_m = p_1 + C_b \frac{\mathrm{d}p_b}{\mathrm{d}t} \tag{5-11}$$

其中,p_1 正比于汽轮机通气流量,所以可以对应锅炉供热的稳态量,汽包压

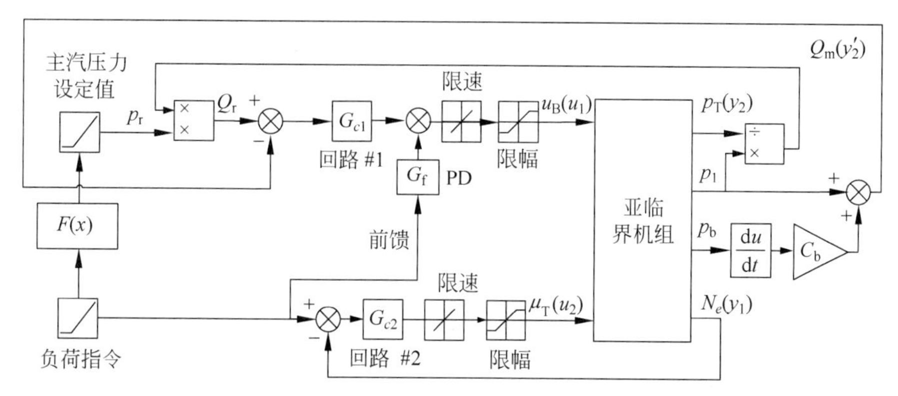

图 5.9　基于直接能量平衡的 CCS 控制

力变化量 dp_b/dt 对应汽包动态蓄热量，所以，Q_m 可以代表锅炉目前能够提供的总热量。C_b 为锅炉蓄热系数，这个参数一般可以通过试验确定，本章待研究机组的 $C_b=120$ s。再引入热量信号 Q_m 的设定值：

$$Q_r = p_r \frac{p_1}{p_T} \tag{5-12}$$

其中，调节级压力和主汽压力的比 p_1/p_T 可以看作当前汽轮机的等效调门开度，它与主汽压力设定值的乘积即可理解为汽轮机所需的能量信号。可以发现，在稳态时($dp_b/dt=0$)，被控变量 Q_m 等于它的设定值 Q_r，即

$$p_r \frac{p_1}{p_T} = p_1 \tag{5-13}$$

因此，存在 $p_r=p_T$，也就是原始的被控变量-主汽压力 p_T 间接跟踪上了它的设定值。

理论上，锅炉的供热能力 Q_m 仅取决于给煤量 u_B 的大小，而不受汽轮机调门开度 μ_T 的影响，而原来的被控变量 p_T 则同时受两个输入变量 u_B 和 μ_T 的影响。从这个意义上说，DEB 控制策略实现了一定的解耦功能，这是 DEB 控制策略能够带来优势的根本原因。

另外，图 5.9 的控制策略中还引入了负荷前馈信号以加快锅炉给煤量对负荷变化的响应。负荷控制回路和热量控制回路目前一般采用一个简单的 PI 控制器。

尽管基于 DEB 的控制结构已经被现场工程师广泛应用，许多学术文献提出的火电机组先进 CCS 控制方法大多还是基于原始的被控变量(即 N_e 和 p_T)，鲜少在 DEB 框架下进行研究。

本书将从控制理论的角度讨论 DEB 控制结构的优越性，并进一步在 DEB 框架下采用分散 ADRC 控制器提升火电机组协调控制的性能。为此，我们先建立一个面向 DEB 控制结构的火电机组非线性模型。该模型不但要能输出原始的被控变量，还要能提供 DEB 控制所需的中间变量，即汽包压力 p_b 和调节级压力 p_1。

5.2.2 面向直接能量平衡(DEB)控制的非线性建模

传统仿真机的建模一般是针对每一个具体设备分别建模，然后组合起来。然而这类模型过于复杂，不适合控制设计。为了简化该过程，本节将整个火电机组分为三个转换通道，分别建立其通道模型。为此，需要先作如下假设。

(1) 给水和蒸汽的温度保持恒定；

(2) 汽包水位保持不变；

(3) 对于流体管道，所有阻力集中于管道出口，管道内的流体压力均匀分布；

(4) 汽轮机调节级压力正比于主汽压力与汽轮机调门开度的乘积。

前两点实际上是假设其相应的局部控制回路调节性能良好，可以使其输出的温度和水位恒定不变。

通道1：给煤-蒸汽转换通道

考虑磨煤机内的物料平衡：

$$q_{\mathrm{p}}^{\mathrm{i}} - q_{\mathrm{p}}^{\mathrm{o}} = \frac{\mathrm{d}M}{\mathrm{d}t} \tag{5-14}$$

其中，$q_{\mathrm{p}}^{\mathrm{i}}$ 和 $q_{\mathrm{p}}^{\mathrm{o}}$ 分别表示进入和离开磨煤机的质量流量，M 是磨煤机内的存煤量。根据运行经验，磨煤机出口质量流量一般正比于磨煤机存煤量，即

$$q_{\mathrm{p}}^{\mathrm{o}} = \frac{1}{c_0}M \tag{5-15}$$

其中，c_0 是待辨识参数。考虑输煤带时滞 τ_1 和一次风管时滞 τ_2，存在

$$q_{\mathrm{p}}^{\mathrm{i}}(t) = u_{\mathrm{B}}(t - \tau_1) \tag{5-16}$$

$$q_{\mathrm{f}}(t) = q_{\mathrm{p}}^{\mathrm{o}}(t - \tau_2) \tag{5-17}$$

其中，u_{B} 是锅炉给煤量指令，q_{f} 是进入炉膛的煤粉质量流量。

为导出炉膛内能量平衡方程，令 V_{f} 代表炉膛体积，Q_{r} 是炉膛内释放的辐射能，$Q_{\mathrm{net}}^{\mathrm{ad}}$ 是低位热值，η 是锅炉效率。下标 a，s，g，f 和 w 分别代表空气、蒸汽、烟气、炉膛和水冷壁。变量 D，c，m 和 T 分别代表质量流量、比热

容、质量和温度。

因此，炉内能量平衡方程为

$$V_f c_g \frac{dT_g}{dt} = q_f Q_{net}^{ad} \eta + D_a c_a T_a - D_g c_g T_g - Q_r \tag{5-18}$$

水冷壁能量平衡方程为

$$m_w c_w \frac{dT_w}{dt} = Q_r - Q \tag{5-19}$$

其中，Q 为水冷壁传递给壁内工质的热量。

为保证方程组的封闭，增加两个传热方程：

$$Q_r = K_1 (T_g^4 - T_w^4) \tag{5-20}$$

$$Q = K_2 A_w (T_w - T_s) \tag{5-21}$$

其中，K_1 和 K_2 分别代表辐射和对流传热系数。

根据假设(1)和假设(2)，汽包蒸汽流量可以被表示为

$$D_b \approx \frac{Q}{r_s} \tag{5-22}$$

其中，r_s 是汽化潜热。综合式(5-14)和式(5-22)，蒸汽产生流量 D_b 可以根据给煤量 u_B 计算出。

通道2：蒸汽-压力转换通道

根据假设(1)，忽略汽包汽侧和过热管道的温度变化，存在

$$\frac{\partial D}{\partial x} + A \frac{\partial \rho}{\partial t} = 0 \tag{5-23}$$

其中，A 是管道的横截面面积，D 是质量流量，ρ 是蒸汽密度。另外，管道的阻力方程为

$$\frac{\partial p}{\partial x} + p_d = 0 \tag{5-24}$$

其中，p 是蒸汽压力，p_d 为单位长度的摩擦阻力，其可以被计算为

$$p_d = \xi_d \frac{D^2}{\rho} \tag{5-25}$$

其中，ξ_d 是阻尼系数。

通道3：压力-功率转换通道

根据假设(4)，调节级压力 p_1 可以被表示为

$$p_1 = k_1 \mu_T p_T \tag{5-26}$$

其中，p_T 是主汽压力，μ_T 是汽轮机调门开度，k_1 是比例系数。

为描述方便，采用"～"表示额定工况，T_{th} 表示调节级蒸汽温度。一般

乏汽压力 p_n 远低于调节级压力 p_1，根据弗留格尔(Flügel)公式，汽轮机通汽流量 D_T 可以被简化为

$$D_T = \sqrt{\frac{p_1^2 - p_n^2}{\tilde{p}_1^2 - \tilde{p}_n^2}} \sqrt{\frac{\tilde{T}_{th}}{T_{th}}} \tilde{D}_T = k_2 p_1 \sqrt{1 - \left(\frac{p_n}{p_1}\right)^2} \approx k_2 p_1 \tag{5-27}$$

其中，$k_2 = \sqrt{\frac{1}{\tilde{p}_1^2 - \tilde{p}_n^2}} \sqrt{\frac{\tilde{T}_{th}}{T_{th}}} \tilde{D}_T$ 可视为一个待辨识的增益参数。

令上标 r 和 e 分别代表再热器和空预器，h 代表焓值，φ 代表汽轮机效率，H_c 代表冷凝器放出的热量。基于能量平衡原理，汽轮机输出电功率为

$$N_e = \varphi(D_T(h_1 - h_e) - H_c + D_r(h_r^o - h_r^i)) \tag{5-28}$$

实际上，冷凝器和空预器的换热量一般正比于实发负荷。因此，式(5-28)可以被简化为

$$N_e = \varphi(D_T(h_1 - h_e)) + \beta N_e \tag{5-29}$$

合并同类项，可以得到

$$N_e = k_3 D_T \tag{5-30}$$

其中，$k_3 = \frac{\varphi(h_T - h_e)}{1-\beta}$可以视为一个待辨识参数。

考虑到汽轮机内部的动态特性，可以将式(5-26)和式(5-27)修正为

$$p_1 + c_1 \dot{p}_1 = k_1 \mu_T p_T \tag{5-31}$$

$$D_T + c_2 \dot{D}_T = k_2 p_1 \tag{5-32}$$

其中，c_i 为待辨识的动态参数。

5.2.3 模型简化

虽然上述模型相对于仿真机模型已经简化很多，但是复杂度仍然较高，且具有众多的中间变量，使其仍然不适用于火电机组 CCS 控制设计，为此，本节作进一步简化，将一些中间变量合并为几个待辨识的参数。

合并式(5-14)～式(5-17)可得，

$$c_0 \frac{\mathrm{d}q_f}{\mathrm{d}t} + q_f = u_B(t - \tau) \tag{5-33}$$

其中，$\tau = \tau_1 + \tau_2$ 代表给煤系统的总时滞。

由于 T_a 和 T_s 的变化可以被忽略，将式(5-18)～式(5-21)在稳态点线性化：

$$V_f c_g \frac{d\Delta T_g}{dt} = \Delta q_f Q_{net}^{ad} \eta - D_g c_g \Delta T_g - \Delta Q_r \tag{5-34}$$

$$m_w c_w \frac{d\Delta T_w}{dt} = \Delta Q_r - \Delta Q \tag{5-35}$$

$$\Delta Q_r = 4K_1 T_{g0}^3 \Delta T_g - 4K_1 T_{w0}^3 \Delta T_w \tag{5-36}$$

$$\Delta Q = K_2 A_w \Delta T_w \tag{5-37}$$

其中,Δ代表变量的增量,将 ΔQ_r 代入式(5-34),可得

$$c_3 \Delta \dot{T}_g + \Delta T_g = \alpha_1 \Delta q_f + \alpha_2 \Delta T_w \tag{5-38}$$

其中,

$$c_3 = \frac{V_f c_g}{D_g c_g + 4K_1 T_{g0}^3} \tag{5-39}$$

$$\alpha_1 = \frac{Q_{net}^{ad} \eta}{D_g c_g + 4K_1 T_{g0}^3} \tag{5-40}$$

$$\alpha_2 = \frac{4K_1 T_{w0}^3}{D_g c_g + 4K_1 T_{g0}^3} \tag{5-41}$$

将 ΔQ_r 代入式(5-35),得到

$$c_4 \Delta \dot{T}_w + \Delta T_w = \alpha_3 \Delta T_g \tag{5-42}$$

其中,

$$c_4 = \frac{m_w c_w}{4K_1 T_{w0}^3 + K_2 A_w} \tag{5-43}$$

$$\alpha_3 = \frac{4K_1 T_{g0}^3}{4K_1 T_{w0}^3 + K_2 A_w} \tag{5-44}$$

为了消除 ΔT_g,可以考虑忽略 c_3,因为烟气侧的时间常数远小于管壁侧的时间常数。综合式(5-38)和式(5-42),可得

$$c_4 \Delta \dot{T}_w + \Delta T_w = \alpha_1 \alpha_3 \Delta q_f + \alpha_2 \alpha_3 \Delta T_w \tag{5-45}$$

综合式(5-22),式(5-37)和式(5-45),可得

$$c_5 \dot{D}_b + D_b = k_4 q_f \tag{5-46}$$

其中,

$$c_5 = \frac{c_4}{1 - \alpha_2 \alpha_3} \tag{5-47}$$

$$k_4 = \frac{K_2 A_w \alpha_1 \alpha_3}{(1 - \alpha_2 \alpha_3) r_s} \tag{5-48}$$

增益 k_4 可以视为一种可辨识的参数。

基于假设(3)，如图 5.10 所示，偏微分方程可以被集总为

$$D_i - D_o = V_p \frac{d\rho_p}{dt} \tag{5-49}$$

$$p_i - p_o = \xi_d \frac{D_o^2}{\rho} \tag{5-50}$$

其中，V_p 为研究对象的管道体积。蒸汽密度 ρ_p 关于蒸汽温度 T_p 和蒸汽压力 p_i 可微：

$$\frac{d\rho_p}{dt} = \frac{\partial \rho_p}{\partial p_i}\frac{dp_i}{dt} + \frac{\partial \rho_p}{\partial T_p}\frac{dT_p}{dt} \approx \left.\frac{\partial \rho_p}{\partial p_i}\right|_T \cdot \frac{dp_i}{dt} \tag{5-51}$$

第二个约等式成立的原因是温度波动的幅度远小于压力波动。

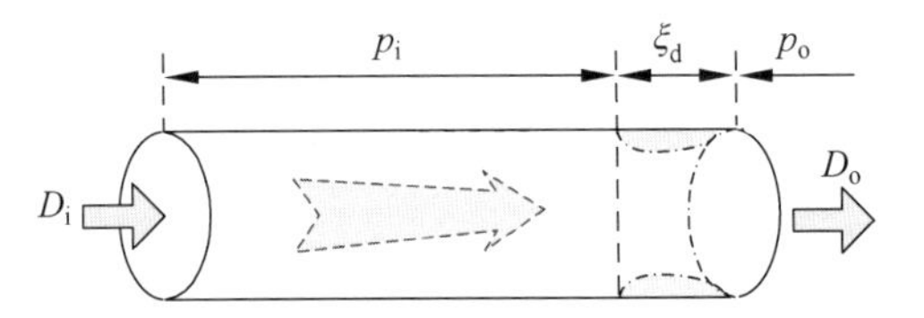

图 5.10 基于直接能量平衡的 CCS 控制

因此，式(5-49)与式(5-50)可以被表示为

$$\frac{dp_i}{dt} = \frac{1}{c}(D_i - D_o) \tag{5-52}$$

$$D_o = k_5 (p_i - p_o)^{\frac{1}{2}} \tag{5-53}$$

其中，$c = V_p \left.\frac{\partial \rho_p}{\partial p_1}\right|_T$，$k_5 = \sqrt{\frac{\rho}{\xi_d}}$ 可以视作两个待辨识参数。在 5.2.4 节的辨识中，p_b 代表汽包压力，c_6 和 c_7 分别代表汽包和主汽压力的时间常数。

5.2.4 参数辨识和校验

5.2.3 节介绍了一个火电机组的简化模型，包含 5 个静态增益参数 $k_1 \sim k_5$。这里，我们采用现场稳态数据反向计算出各个工况下的增益参数，见表 5.2。

表 5.2　各典型工况下的增益

负荷/MW	增益				
	k_1	k_2	k_3	k_4	k_5
181	0.008 3	72.4	0.34	6.76	562
216	0.008 2	72.9	0.33	7.15	596
238	0.008 2	73.5	0.32	7.24	626
266	0.008 3	76.3	0.31	7.57	663
299	0.008 4	78.4	0.31	7.58	669
相对偏差	1.6%	7.6%	8.6%	11.3%	16.0%
平均值	0.008 3	74.7	—	—	—

显然，k_1 和 k_2 对运行工况并不敏感。然而，k_3，k_4 和 k_5 变化较大。可以发现，各增益都有其对应的物理含义。比如，k_3 的值对应汽轮机效率，主要受蒸汽流量 D_T 的影响。k_4 的值对应磨煤机效率，主要取决于磨煤机的制煤量 q_f。增益 k_5 与汽包压力 p_b 紧密相关。基于稳态数据，可以拟合出变化较大的增益与其主要影响因素的函数关系：

$$k_3 = 0.86D_T^{-0.148} \tag{5-54}$$

$$k_4 = 2.46q_f^{0.230} \tag{5-55}$$

$$k_5 = 42.51p_b^{0.956} \tag{5-56}$$

拟合公式与数据的对比结果如图 5.11 所示。

为建立适用于 DEB 控制的模型，选择状态向量和控制向量为

$$\boldsymbol{x} = (q_f \quad D_b \quad p_b \quad p_T \quad p_1 \quad D_T)^T \tag{5-57}$$

$$\boldsymbol{u} = (u_B \quad \mu_T) \tag{5-58}$$

综合以上状态方程和代数方程，可以得出以下非线性模型：

$$\begin{cases}
\dot{x}_1 = \dfrac{1}{c_0}[u_1(t-\tau) - x_1] \\
\dot{x}_2 = \dfrac{1}{c_5}(2.46x_1^{1.230} - x_2) \\
\dot{x}_3 = \dfrac{1}{c_6}(x_2 - 42.51x_3^{0.956}\sqrt{x_3 - x_4}) \\
\dot{x}_4 = \dfrac{1}{c_7}(42.51x_3^{0.956}\sqrt{x_3 - x_4} - x_6) \\
\dot{x}_5 = \dfrac{1}{c_1}(0.008\,3u_2x_4 - x_5) \\
\dot{x}_6 = \dfrac{1}{c_2}(74.74x_5 - x_6)
\end{cases} \tag{5-59}$$

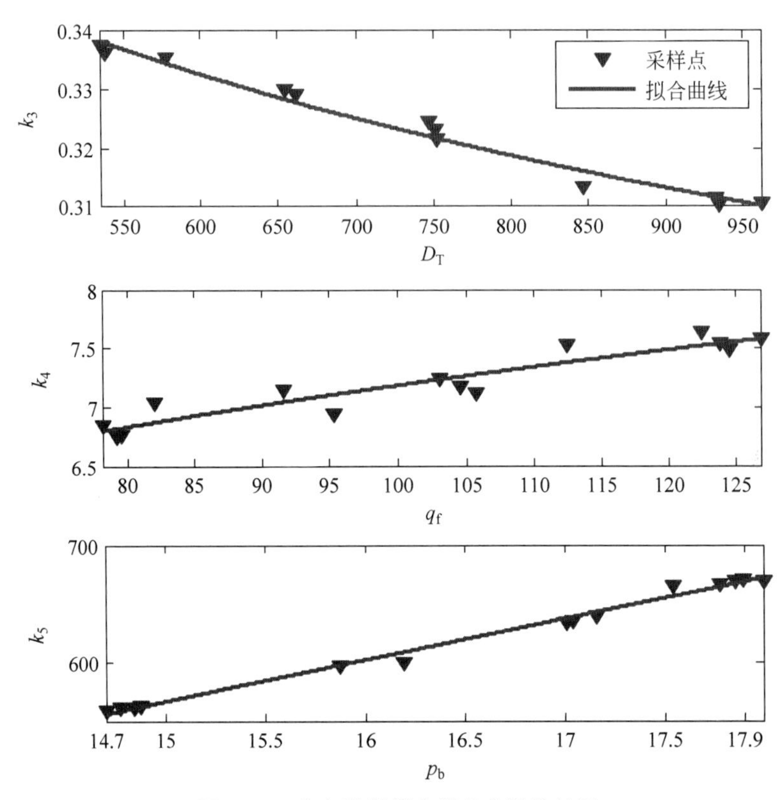

图 5.11　稳态数据拟合增益参数的结果

Reprinted from Sun L, Li D, Lee K Y, et al, Control-oriented modeling and analysis of direct energy balance in coal-fired boiler-turbine unit, Control Engineering Practice, 2016, 55: 38-55, Copyright (2016), with permission from Elsevier.

其中，x_i 和 u_i 分别代表状态向量和控制向量的第 i 个变量。定义系统输出向量为 $\boldsymbol{y}=(N_e \quad p_T)^T$，那么模型的输出方程可以被表示为

$$\begin{cases} y_1 = 0.86x_6^{0.852} \\ y_2 = x_4 \end{cases} \tag{5-60}$$

通过调研现场 DCS 对控制量的限幅限速约束，可以得到如下约束条件：

$$\begin{cases} 0 \leqslant u_1 \leqslant 150 \\ 0 \leqslant u_2 \leqslant 100 \\ 0 \leqslant \dot{u}_1 \leqslant 0.1 \\ 0 \leqslant \dot{u}_2 \leqslant 0.1 \end{cases} \tag{5-61}$$

模型(5-59)仍然含有 6 个动态时间常数和一个时滞常数，本节基于一段时间的运行数据，采用多目标遗传算法对这些动态参数进行优化。优化目标为

$$\mathrm{IAE}_i = \sum_{k=1}^{N} \mid y_i'(k) - y_i(k) \mid \Delta t, \quad i = 1,2 \tag{5-62}$$

其中，N 是采样数目，Δt 是采用时间，$y_i(k)$是模型输出，$y_i'(k)$是现场测量值。优化结果如图 5.12 所示。为权衡两个回路的误差，本节选择如图 5.12 所示的决策变量，其对应的动态参数见表 5.3。

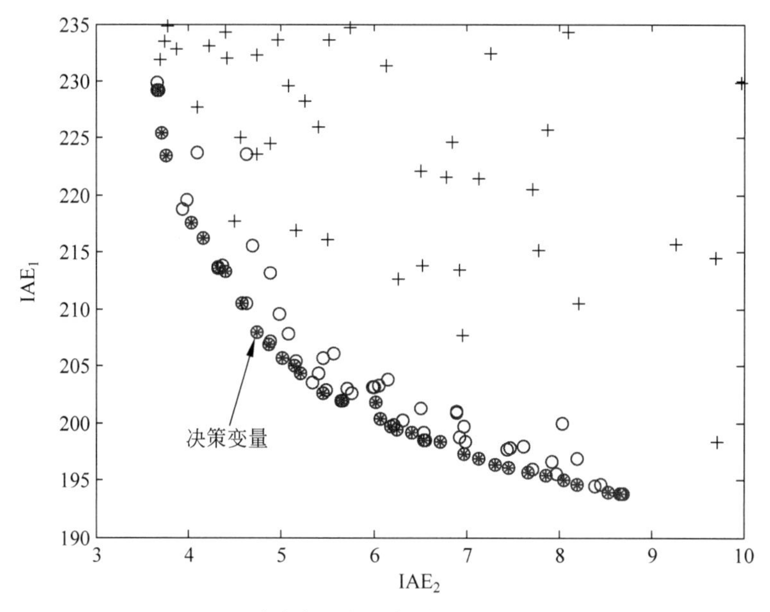

图 5.12　动态参数多目标优化结果(前附彩图)

图中红色星号为非劣解集

Reprinted from Sun L, Li D, Lee K Y, et al, Control-oriented modeling and analysis of direct energy balance in coal-fired boiler-turbine unit, Control Engineering Practice, 2016, 55: 38-55, Copyright (2016), with permission from Elsevier.

表 5.3　参数优化值

参数	c_0	c_1	c_2	c_5	c_6	c_7	τ
优化值	22	5	5	380	4 057	5 101	43

图 5.13 的辨识数据组与模型输出对比图显示了辨识结果的精度。为进一步校验所得模型的准确性，本节采用两组不同于辨识数据组的校验数

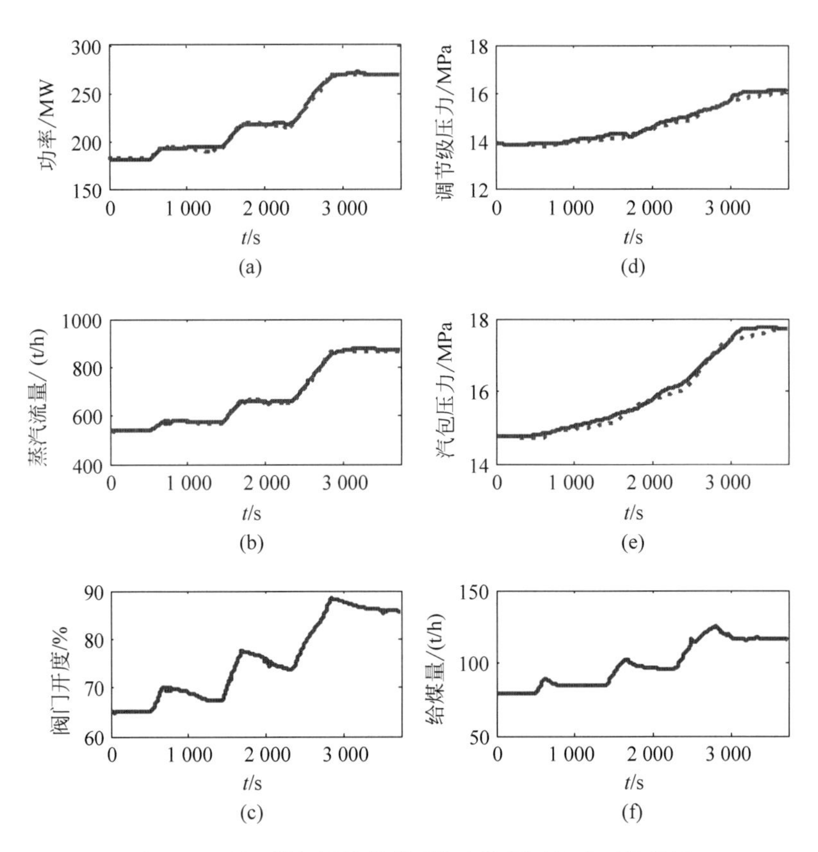

图 5.13 用于辨识目的的模型输出和测量输出对比结果

虚线为模型输出，实线为测量输出

Reprinted from Sun L, Li D, Lee K Y, et al, Control-oriented modeling and analysis of direct energy balance in coal-fired boiler-turbine unit, Control Engineering Practice, 2016, 55: 38-55, Copyright (2016), with permission from Elsevier.

据组与相应的模型输出进行对比，如图 5.14 所示。结果仍然显示了本书模型的动态趋势与实际测量数据吻合良好，但随着时间的推移，几个相关的数据组存在一定的静态偏移。一种可能的解释是这期间给煤的热值发生了一定的变化，这点应该在控制设计时加以考虑。

5.2.5 DEB 控制结构的解耦性分析

本节基于时域和频域的方法分析 DEB 控制结构相对于原始控制结构

的优势。DEB 控制结构的一大特点就是将原始的主汽压力信号 p_T 替换为热量信号 Q_m。根据对该机组一个月运行数据的统计，得到运行状态的平均值，$y_1=285.9$ MW，$y_2=15.7$ MPa，$u_1=122.6$ t/h，$u_2=93.5\%$，本书以此稳态点为额定工况。在额定工况的基础上，分别对给煤量和汽轮机调门作 5%的阶跃响应，结果如图 5.15 所示。可以发现，相比于原始的被控信号-主汽压力信号 p_T，热量信号 Q_m 几乎不受汽轮机调门动作的影响，体现了热量平衡的原则，验证了 DEB 控制结构的优势。

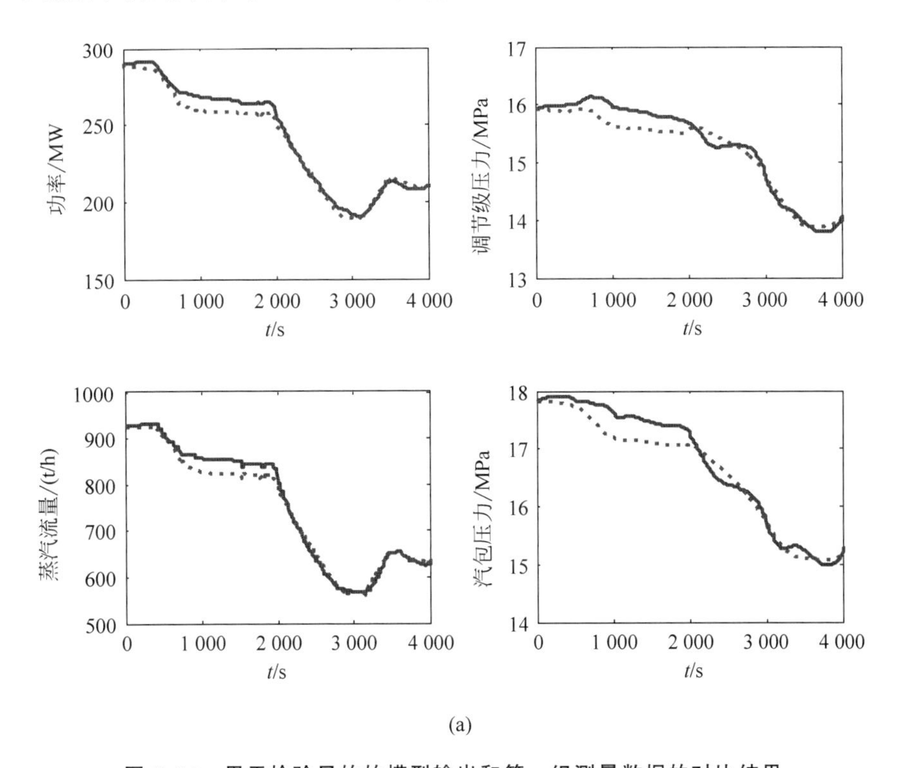

(a)

图 5.14　用于检验目的的模型输出和第一组测量数据的对比结果

虚线为模型输出，实线为测量输出

(a) 第一组校验数据(距离辨识数据组时间间隔为几个小时)；

(b) 第二组校验数据(距离辨识数据组时间间隔为一个星期)

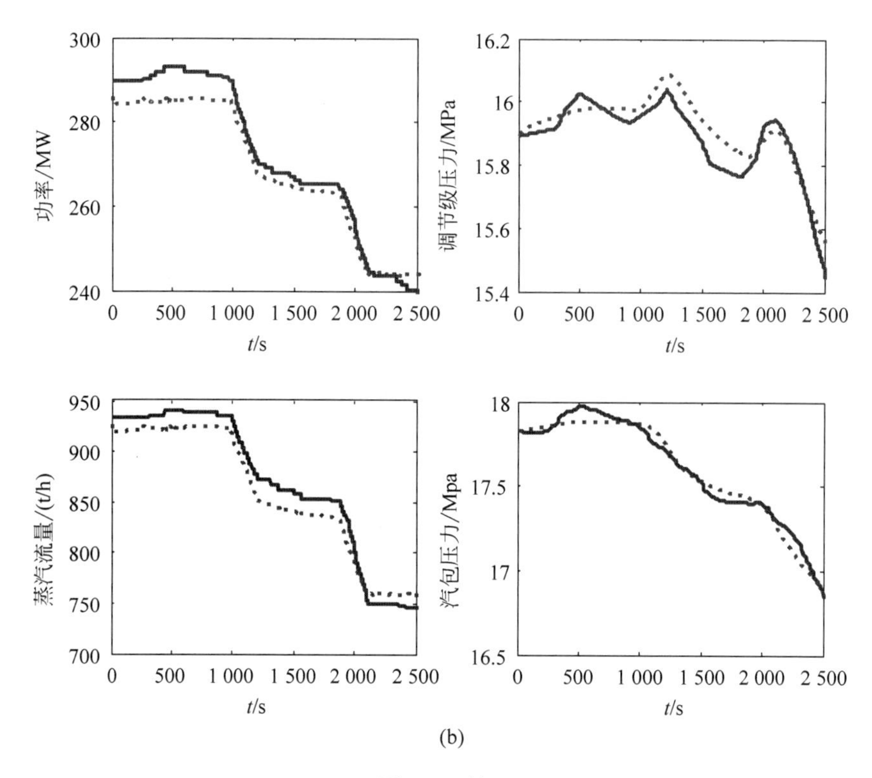

(b)

图 5.14(续)

在额定工况点附近,将非线性模型线性化,分别得到控制量到原始被控输出的控制结构和 DEB 控制结构的传递函数:

$$\begin{pmatrix} y_1 \\ y_2 \end{pmatrix} = \begin{pmatrix} g_{11}(s) & g_{12}(s) \\ g_{21}(s) & g_{22}(s) \end{pmatrix} \begin{pmatrix} u_1 \\ u_2 \end{pmatrix} \tag{5-63}$$

$$\begin{pmatrix} y_1 \\ y_2' \end{pmatrix} = \begin{pmatrix} g_{11}(s) & g_{12}(s) \\ g_{21}'(s) & g_{22}'(s) \end{pmatrix} \begin{pmatrix} u_1 \\ u_2 \end{pmatrix} \tag{5-64}$$

其中,

$$g_{11}(s) = [2.4436/(2.5833\times 10^8 s^6 + 1.4637\times 10^8 s^5 + 2.9062\times 10^7 s^4 + 2.4438\times 10^6 s^3 + 7.5588\times 10^4 s^2 + 562.3870s + 1)]e^{-43s}$$

$$g_{21}(s) = [(3.9551s^2 + 1.5823s + 0.1582)/(2.5833\times 10^8 s^6 + 1.4637\times 10^8 s^5 + 2.9062\times 10^7 s^4 + 2.4438\times 10^6 s^3 + 7.5588\times 10^4 s^2 + 562.3870s + 1)]e^{-43s}$$

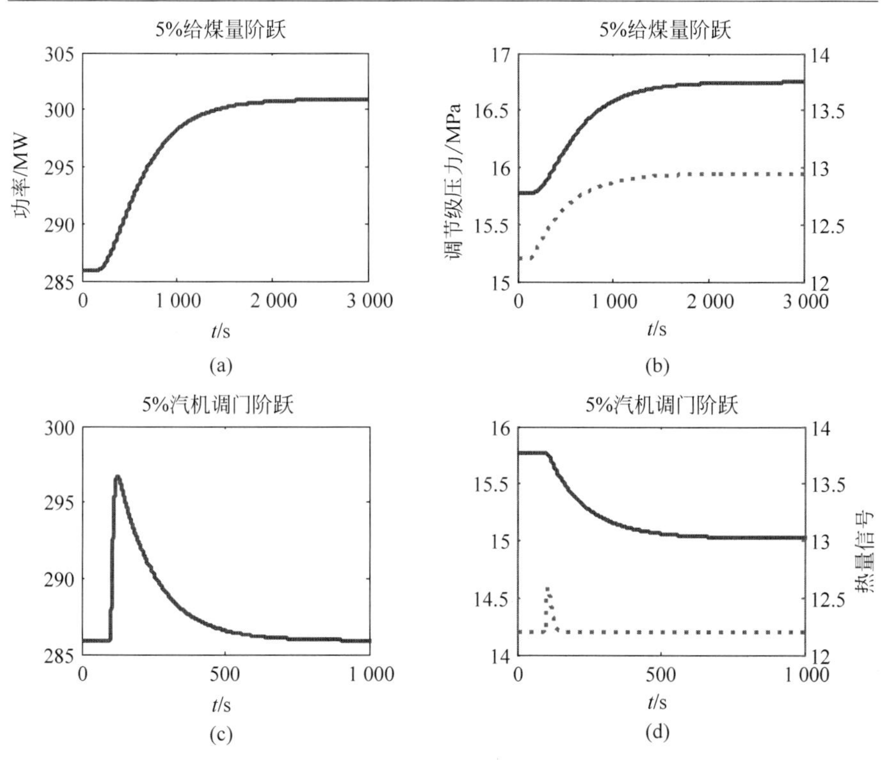

图 5.15　基于非线性模型的阶跃响应(前附彩图)

实线为调节级压力,虚线为热量信号

(a)和(b):5%给煤量阶跃;(c)和(d):5%汽轮机调门阶跃

$$g_{12}(s)=[(3.2200\times10^{3}s^{2}+381.9530s)/(3.0902\times10^{4}s^{4}+1.6023\times10^{4}s^{3}+2.7012\times10^{3}s^{2}+160.5068s+1)]$$

$$g_{22}(s)=[(-2.3631s-0.1687)/(3.0902\times10^{4}s^{4}+1.6023\times10^{4}s^{3}+2.7012\times10^{3}s^{2}+160.5068s+1)]$$

$$g'_{21}(s)=[(3.9551s^{2}+1.5823s+0.1582)/(2.5833\times10^{8}s^{6}+1.4637\times10^{8}s^{5}+2.9062\times10^{7}s^{4}+2.4438\times10^{6}s^{3}+7.5588\times10^{4}s^{2}+562.3870s+1)]\mathrm{e}^{-43s}$$

$$g'_{22}(s)=[(-2.3631s-0.1687)/(3.0902\times10^{4}s^{4}+1.6023\times10^{4}s^{3}+2.7012\times10^{3}s^{2}+160.5068s+1)]$$

本节采用过程控制中常见的相对增益阵列(relative gain array,RGA)研究被控对象的耦合程度:

$$\mathrm{RGA}(G)\overset{\mathrm{def}}{=}G\times(G^{-1})^{\mathrm{T}}=\begin{pmatrix}\lambda_{11}(s) & \lambda_{12}(s)\\ \lambda_{21}(s) & \lambda_{22}(s)\end{pmatrix} \tag{5-65}$$

其中，G 为传递函数矩阵，$\times$ 表示舒尔积，$\lambda_{ij}(s)$ 的物理意义是在其他回路开环和闭环的条件下，从 $u_j \sim y_i$ 的增益的比值。文献[140]指出，$|\lambda_{ij}(\mathrm{j}\omega)|$ 越接近 1，在该频率下从 $u_j \sim y_i$ 的增益越不受其他回路的影响。因此，在分散式控制器设计中，$u_j \sim y_i$ 是合理的配对。RGA 分析为分散式控制设计的配对提供了指导。图 5.16 和图 5.17 分别给出了基于原始被控模型和 DEB 被控模型的 RGA 分析结果。结果显示，原始被控模型在低频范围内为对角占优(即 u_1 配 y_1；u_2 配 y_2)，而在高频范围内却变为非对角占优

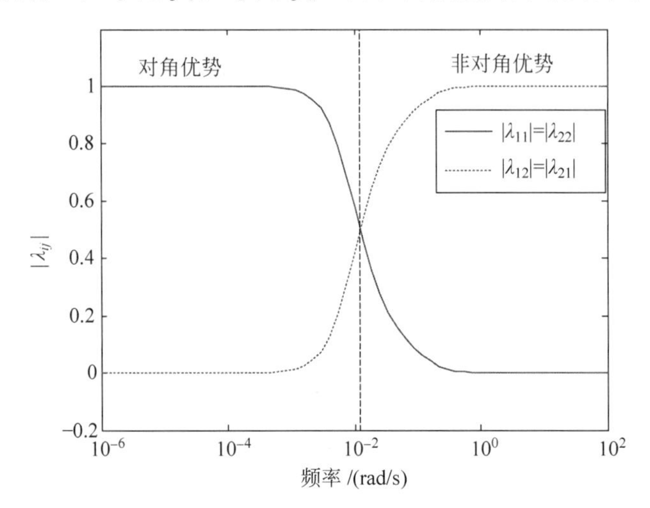

图 5.16　原始被控模型(5-63)的 RGA 分析

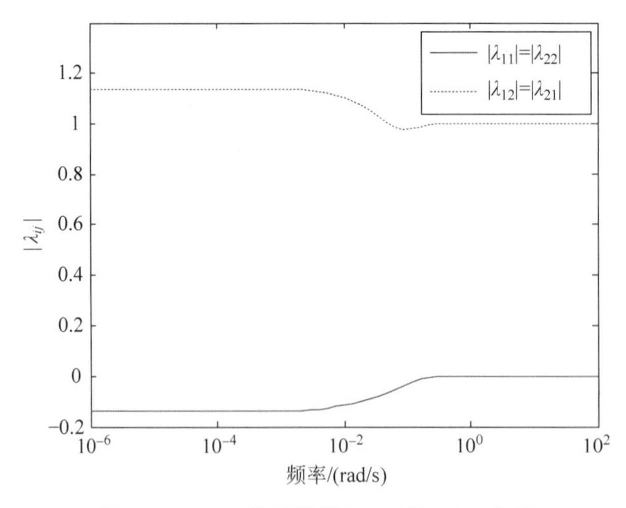

图 5.17　DEB 被控模型(5-64)的 RGA 分析

（即 u_1 配 y_2；u_2 配 y_1），这意味着在该模型结构下，耦合因素将难以避免。将主汽压力信号替换为热量信号后，新的DEB被控模型在低频和高频范围均近似展现为非对角占优特性（即 u_1 配 y_2；u_2 配 y_1），这表明DEB的处理方法使被控对象具有了解耦特性，印证了上述时域阶跃响应的分析结果。

5.2.6　基于多目标优化的DEB-ADRC协调控制方法

传统的DEB控制方法所采用的两个反馈控制器 G_{c1} 和 G_{c2} 为PI控制器，本节将其替换为ADRC控制器，改进其跟踪性能，并提升其抗煤质扰动能力。为调节控制器参数，本节采用多目标粒子群（multi-objective particle swarm optimization，MPSO）算法，进行设定值跟踪仿真试验，分别计算两个回路的误差积分指标，即

$$\mathrm{IAE}_i=\int_0^{\infty}|r_i(t)-y_i(t)|\,\mathrm{d}t,\quad i=1,2 \tag{5-66}$$

其中，r 是设定值。

首先进行分散PI和前馈控制器 G_f 的参数整定，优化结果如图5.18所示。为平衡两个回路的IAE，选取决策变量如图5.18所示，其对应的控制器参数为

$$G_{c1}=69.1+\frac{0.025}{s},\quad G_{c2}=1.95+\frac{0.11}{s},\quad G_f=0.35+\frac{7.84s}{1+52s} \tag{5-67}$$

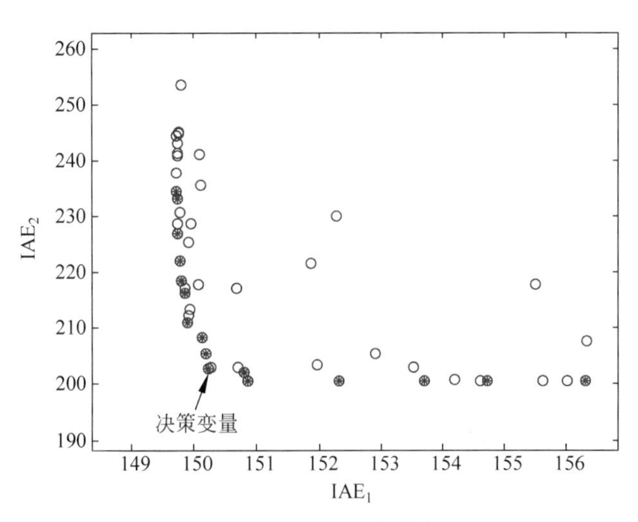

图5.18　DEB-PI多目标优化结果

再进行分散 ADRC 控制器和前馈控制器 G_f 的参数整定，优化结果如图 5.19 所示。ADRC 控制器参数为 $k_{p1}=70$，$\omega_{o1}=0.002$，$b_{01}=1$；$k_{p2}=1.95$，$\omega_{o2}=0.3$，$b_{02}=1$，前馈控制器为 $G_f=0.3+117s/(1+11.7s)$。

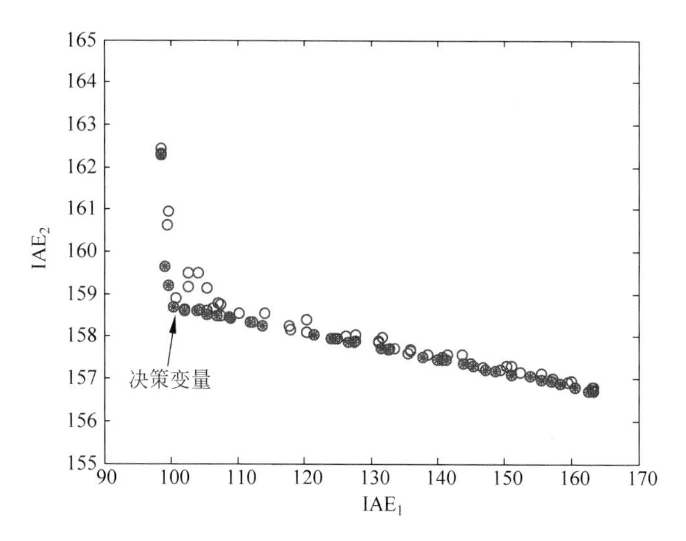

图 5.19　DEB-ADRC 多目标优化结果

由针对两种方法优化出的非劣解集可以发现，DEB-ADRC 可以同时减小 DEB-PI 两个回路的设定值跟踪 IAE 值，这点充分说明了分散 ADRC 控制器可以进一步提升 DEB 控制结构的性能。

为进一步比较分散 ADRC-DEB 控制结构的控制效果，本书基于原始模型(5-63)、文献[118]的方法设计了一种集中式 H_∞ 控制器。将以上设计的各线性控制器应用于本书提出的非线性模型并进行大范围改变设定值的跟踪仿真，结果如图 5.20 所示，相关性能指标统计见表 5.4。仿真结果显示，DEB-ADRC 方法可以实现更快的设定值跟踪速度和最小的主汽压力波动幅度。

考虑到煤粉热值正比于模型系数 k_4，可以通过改变 k_4 来仿真煤粉热值的变化。首先，在 $t=500$ s 时以 20% 的幅值增大 k_4，在 $t=5\,000$ s 时对 k_4 进行幅值为 20%、周期为 628 s 的正弦变化。仿真结果如图 5.21 和表 5.4 所示。仿真结果显示了 DEB-ADRC 在抵抗煤质扰动方面的绝对优势，也确认了 DEB-PI 在面临煤粉扰动时对主汽压力较弱的控制能力。

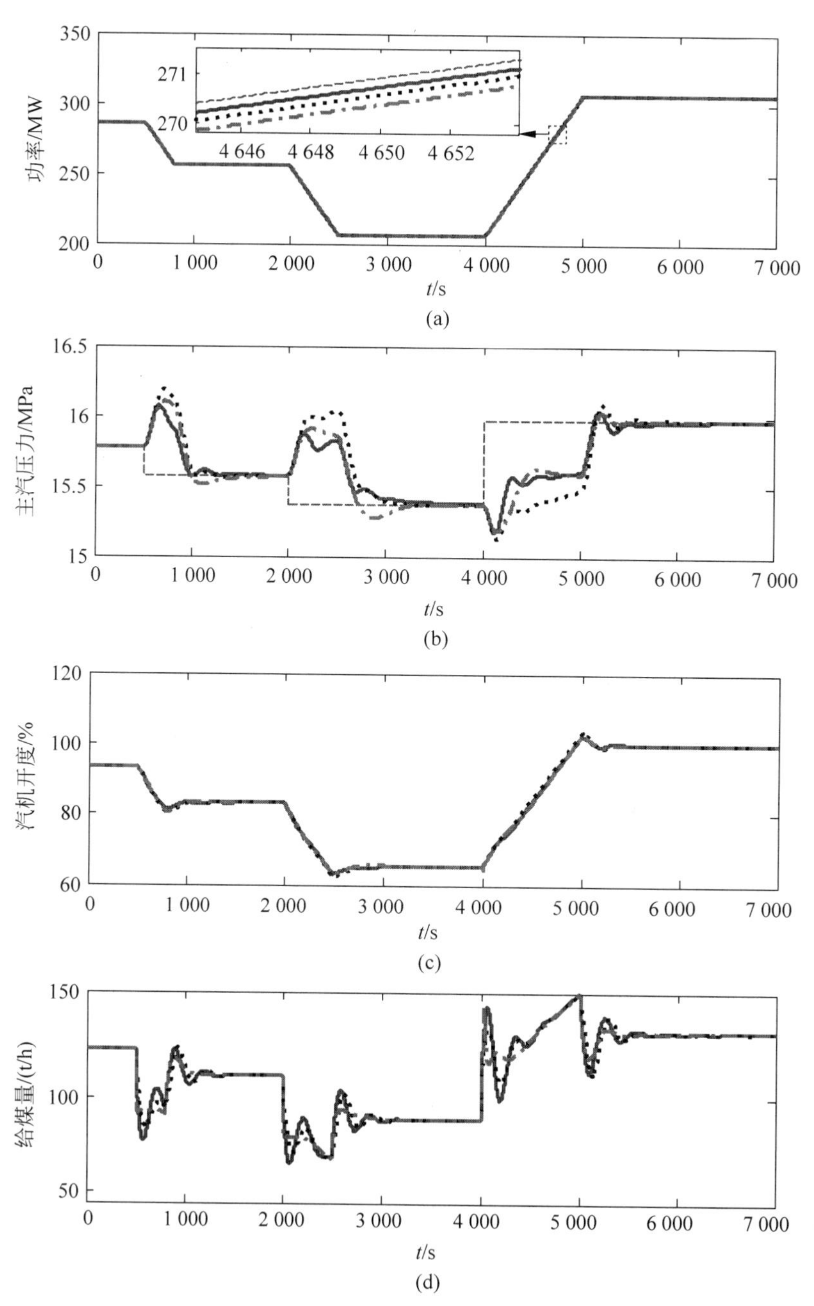

图 5.20　设定值跟踪仿真结果(前附彩图)

红虚线：设定值；蓝实线：DEB-ADRC；黑点线：DEB-PI；粉色点画线：H_{∞}

(a)和(b)：被控变量；(c)和(d)：控制变量

表 5.4 性能指标统计

方　　法	设定值跟踪		煤粉热值扰动	
	IAE_1	IAE_2	IAE_1	IAE_2
DEB-PI	750	1 299	42.8	824
H_∞	1 083	1 059	247.7	553
DEB-ADRC	360	987	16.5	316

为进一步考察各控制器的鲁棒稳定性，本节引入文献[118]介绍的结构奇异值函数 $\mu(T_1)$，其中 T_1 为多变量闭环系统的输入补灵敏度函数。假设在该控制系统的每个输入通道存在输入不确定性：

$$w_1(s)=\frac{s+0.2}{0.5s+1} \tag{5-68}$$

那么，系统在该不确定集内均保持稳定的条件为

$$\mu(T_1(\mathrm{j}\omega))<\frac{1}{|w_1(\mathrm{j}\omega)|},\quad \forall\,\omega \tag{5-69}$$

也就是说，各个控制回路的结构奇异值函数在全频域内不能超过一个上界限 $1/|w_1(\mathrm{j}\omega)|$，图 5.22 绘出了上界限和各控制器对应的 μ 值。由对比结

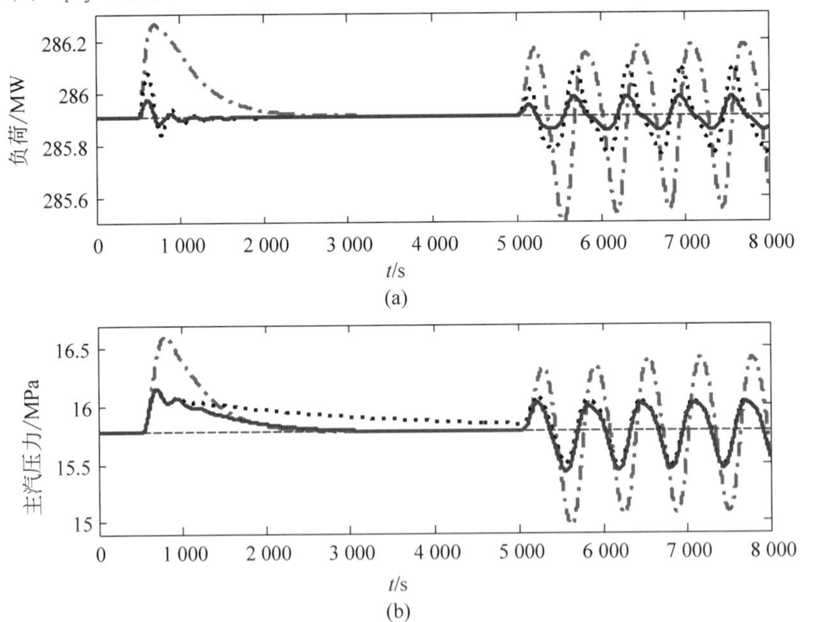

图 5.21 煤质扰动仿真结果(前附彩图)

红虚线：设定值；蓝实线：DEB-ADRC；黑点线：DEB-PI；粉色点画线：H_∞

(a)和(b)：被控变量；(c)和(d)：控制变量

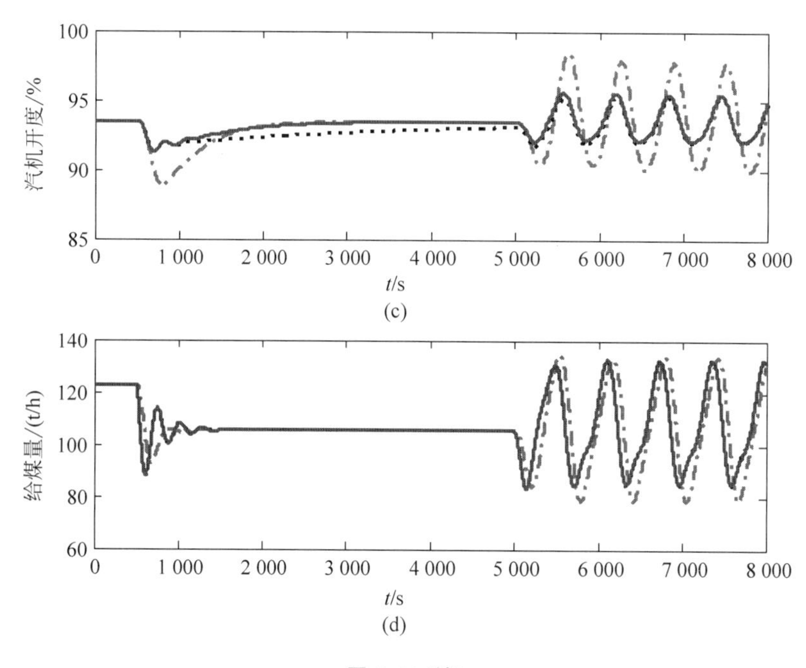

图 5.21(续)

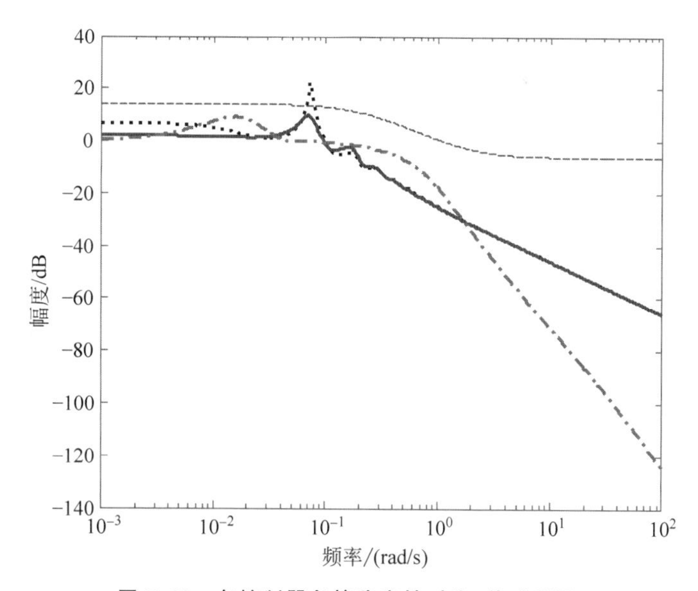

图 5.22　各控制器鲁棒稳定性对比(前附彩图)

红虚线：上界限 $1/|w_1(j\omega)|$；黑点线：DEB-PI；蓝实线：DEB-ADRC；粉色点画线：H_∞ 控制系统

果可见，DEB-ADRC 获得了明显优于 DEB-PI 的鲁棒稳定性，在低频范围内更是与高阶的鲁棒 H_{∞} 控制器相当。

5.3 本章小结

本章以流化床锅炉燃烧系统和亚临界机组协调控制系统为例，初步探讨了将二自由度控制方法用于热工多变量过程的可行性和有效性。

针对流化床锅炉燃烧系统，分析了基于 DOB 的分散控制系统与逆解耦控制方法的等价性。仿真结果说明了 DOB 的解耦能力。

针对亚临界机组协调系统，本章首先建立了面向 DEB 控制策略的非线性模型，基于现场数据辨识并校验了模型参数。然后，在频域内探讨了 DEB 控制策略的解耦性能，从理论上确认了 DEB 控制策略的优越性。最后，基于多目标优化方法整定了分散 ADRC 用于 DEB 控制结构的参数。优化结果显示，相对于传统的分散 DEB-PI 控制结构，DEB-ADRC 可以同时在两个回路达到较好的设定值跟踪和扰动抑制效果。基于非线性模型的大范围仿真结果也验证了这一点。另外，除了综合控制性能上的提升，DEB-ADRC 还实现了更好的鲁棒稳定性，充分验证了该方法具有应用于实际过程的潜力。

第6章　总结与展望

6.1　研究总结

本书通过分析火电机组运行控制的整体目标、设计难点和现场要求，确立了“不确定性补偿”作为本书研究的中心课题。基于这一基本思路，并结合热工过程的具体特点和目前控制理论的研究现状，本书发展和改进了一系列二自由度控制方法。其基本思路是：①设计观测器或估计器实时估计补偿系统中存在的不确定性，包括模型不确定性和系统外扰；②针对补偿后的等效对象设计反馈或前馈控制器以实现设定值跟踪的目标。

在控制理论方面，本书首先重点针对热工单变量过程中存在的时滞现象，分别研究了二自由度PI控制、自抗扰控制和改进UDE控制方法。依据其研究现状和实现复杂度，分别研究了这些方法的稳定性、鲁棒性和参数整定方法。仿真结果显示了本书所提方法可以有效抑制不确定性的影响。而后针对非最小相位对象，通过充分利用对象模型信息，提出了一种基于改进ESO的二自由度控制方法，并研究了该方法的收敛性和参数整定策略。仿真结果显示了本书方法相对于其他已有方法的优势。

在应用基础研究方面，本书选择目前实施条件最为成熟的ADRC控制器作为研究对象。为实现长期运行，本书研究了一阶ADRC的DCS组态、抗积分饱和及无扰切换等问题。研究结果体现了ADRC具有很高的工程友好性。为方便工程应用，本书还基于鲁棒回路成型方法开发了一种ADRC自整定工具。针对大惯性过程，为避免出现控制量的“初始跳变”，本书还提出了一种参数重调策略。基于水箱试验台的试验结果验证了本书所提理论和实施方法的正确性。

在现场应用方面，本书将ADRC控制器应用到两个单变量热工过程中。其中，低压加热器水位控制回路为大惯性回路，磨煤机出口风温控制回路为大滞后回路。两个回路的试验结果充分说明了ADRC控制器的有效性和优越性。

最后,本书结合两个具体案例对多变量过程的不确定性补偿和二自由度控制进行了探索研究。基于流化床锅炉,本书研究了基于 DOB 的分散控制系统的解耦能力。针对亚临界协调控制系统,本书建立了面向 DEB 控制策略的非线性模型。并基于该模型,研究了将分散 ADRC 用于协调控制系统的优越性。

本书的主要创新点包括:

(1) 提出了热工时滞过程的不确定性补偿方法;

(2) 针对工程上难以解决的非最小相位过程,提出了将模型信息引入 ESO 的不确定性补偿和二自由度控制方法;

(3) 建立了基于不确定性补偿方法的多变量解耦控制方法;

(4) 建立了适用于 DEB 控制的亚临界机组协调系统模型,并成功应用到三个火电机组实际过程中,取得了良好的控制效果。

6.2 进一步工作的建议与展望

在本书研究的基础上,还可以就以下问题进行作更深层次的探索和研究。

在控制理论方面:

(1) 在目前二自由度 PI 控制设计的基础上,研究基于相对时滞裕度的二自由度 PID 控制器最优抗扰整定方案;

(2) 在目前针对一阶惯性纯滞后的 ADRC 整定方案的基础上,研究基于高阶模型的 ADRC 控制器整定方案;

(3) 在目前基于模型的控制器离线整定方案的基础上,研究基于历史数据驱动的控制器参数在线调整方案;

(4) 在目前针对热工多变量过程案例研究的基础上,基于多变量频域理论研究二自由度控制方案,并分析其稳定性和参数整定方案。

在火电机组应用方面:

(1) 在目前一阶 ADRC 的应用基础上,将二阶甚至更高阶的 ADRC 在热工过程中进行应用,进一步提高机组控制水平;

(2) 在非最小相位热工过程中,检验本书提出的基于改进 ESO 的二自由度控制策略。

(3) 对更复杂的 UDE 控制器进行应用基础研究，并最终将其应用到火电机组的关键回路中；

(4) 在多变量控制应用方面，进行超(超)临界火电机组的精细化建模和协调控制研究。这一方面，可将不确定补偿方法与模型预测控制结合研究。

附录：几个定理的证明

为突出第2章的主体脉络，本书将几个定理的数学证明集中在这里统一论述。

定理1：对稳定被控对象(2-4)，即 $T>0$，假设增益 $K>0$，那么是PI反馈控制系统稳定当且仅当

$$\varphi_m \geqslant 0, \quad a \geqslant 0, \quad a + \arctan\left(\frac{aT}{L}\right) + \varphi_m \leqslant \pi \tag{1}$$

证明：由定义可得 $a \geqslant 0$，

必要性：显然，相位裕度 $\varphi_m \geqslant 0$ 是稳定条件。根据引理1，$k_i \geqslant 0$ 是稳定性的必要条件。根据式(2-16)，可得 $k_i = 0$ 对应于

$$a = 0 \quad 或 \quad \tan(\varphi_m + a) = -\frac{T}{L}a \tag{2}$$

另一方面，

$$0 \leqslant (\varphi_m + a) \leqslant \frac{\pi}{2} \tag{3}$$

显然也可以满足 $k_i > 0$。

当 $(\varphi_m + a) > \frac{\pi}{2}$ 时，若要满足 $k_i > 0$，须存在如下条件：

$$a\sin(\varphi_m + a) + \frac{T}{L}a^2\cos(\varphi_m + a) > 0 \tag{4}$$

即

$$\tan(\varphi_m + a) < -\frac{T}{L}a \tag{5}$$

综合式(2)～式(5)可得

$$\varphi_m \geqslant 0, \quad a \geqslant 0, \quad a + \varphi_m + \arctan\left(\frac{aT}{L}\right) \leqslant \pi \tag{6}$$

充分性：令 φ_c 为PI的相位裕度，因此，

$$\tan(\varphi_c) = \frac{k_i}{\omega_{gc} k_p} = \frac{L}{aT_i} \tag{7}$$

根据式(2-17)，式(7)可以被改写为

$$\tan(\varphi_c)=\frac{L}{aT_i}=\frac{L\tan(\varphi_m+a)+aT}{aT\tan(\varphi_m+a)-L} \tag{8}$$

由于对象模型的惯性部分 $1/(1+Ts)$ 的相位滞后为

$$\varphi_i=\arctan(\omega_{gc}T)=\arctan\left(\frac{aT}{L}\right) \tag{9}$$

所以式(8)可以被进一步改写为

$$\begin{aligned}\tan(\varphi_c)&=\frac{L\tan(\varphi_m+a)+aT}{aT\tan(\varphi_m+a)-L}=-\frac{\tan(\varphi_m+a)+\tan(\varphi_i)}{1-\tan(\varphi_i)\tan(\varphi_m+a)}\\&=-\tan(\varphi_m+a+\varphi_i)\end{aligned} \tag{10}$$

也就是

$$\varphi_c=\pi-(\varphi_m+a+\varphi_i) \tag{11}$$

因此，在 $\varphi_m \geqslant 0$，$a>0$ 以及 a 的上限由下式定义时，

$$a+\arctan\left(\frac{aT}{L}\right)+\varphi_m \leqslant \pi \tag{12}$$

可以保证 $0\leqslant\varphi_c\leqslant\pi$，这确保了 PI 控制器的可实现性和系统的稳定性。

定理 2：对稳定被控对象(2-4)，即 $T>0$，假设增益 $K>0$，那么 PI 控制系统稳定的充分必要条件为

$$-\frac{1}{K}<k_p<\frac{1}{K}\left(\frac{T}{L}\alpha\sin\alpha-\cos\alpha\right) \tag{13}$$

其中，α 是方程(2-22)在 $(\pi/2,\pi)$ 区间内的解：

$$\tan(\alpha)=-\frac{T}{L}\alpha \tag{14}$$

对在式(2-21)所示的区间中给定的 k_p 和积分增益 k_i 的稳定区间为

$$0\leqslant k_i<\frac{z}{KL}\left(\sin z+\frac{T}{L}z\cos z\right) \tag{15}$$

其中，z 是方程(2-24)在区间 $(0,\alpha)$ 内的解。

$$k_pK+\cos z-\frac{T}{L}z\sin z=0 \tag{16}$$

证明：由引理 1 可得 $k_i=0$ 为稳定域的下边界，这可以通过设置 $a=0$ 绘制。令相位裕度 $\varphi_m=0$，上边界的控制器参数可以被简化为

$$\begin{cases}k_p=\dfrac{1}{K}\left(\dfrac{T}{L}a\sin a-\cos a\right)\\[2ex]k_i=\dfrac{a}{KL}\left(\sin a+\dfrac{T}{L}a\cos a\right)\end{cases} \tag{17}$$

根据式(1)，此时 a 的范围可以简化为

$$a \geqslant 0, \quad \tan a \leqslant -\frac{T}{L}a \tag{18}$$

注意到式(14)定义的 α 实际上是 a 的上界，因为

$$\frac{\mathrm{d}[\tan a + aT/L]}{\mathrm{d}a} = 1 + \tan^2 a + \frac{T}{L} > 0 \tag{19}$$

下面证明 k_p 在区间 $[0,\alpha]$ 内单调。对 k_p 关于 a 求微分得

$$\frac{\mathrm{d}k_\mathrm{p}}{\mathrm{d}a} = \frac{1}{K}\left(\sin a + \frac{T\sin a}{L} + \frac{Ta\cos a}{L}\right) = \frac{1}{K\cos a}\left(\tan a + \frac{T\tan a}{L} + \frac{Ta}{L}\right) \tag{20}$$

显然，k_p 在区间 $[0,\pi/2]$ 内单调。在区间 $(\pi/2,\alpha]$ 内，有

$$\tan a + \frac{T\tan a}{L} + \frac{Ta}{L} \leqslant -\frac{T}{L}a - \frac{T^2}{L^2}a + \frac{Ta}{L} = -\frac{T^2}{L^2}a \leqslant 0 \tag{21}$$

由于 $\cos a < 0$，所以，在区间 $[0,\alpha]$ 内，

$$\frac{\mathrm{d}k_\mathrm{p}}{\mathrm{d}a} \geqslant 0 \tag{22}$$

因此，k_p 的上下界可以分别在 $a=0$ 和 $a=\alpha$ 处取得：

$$-\frac{1}{K} < k_\mathrm{p} < \frac{1}{K}\left(\frac{T}{L}\alpha\sin\alpha - \cos\alpha\right) \tag{23}$$

对在稳定域边界上给定的 k_p，可由方程

$$k_\mathrm{p}K + \cos a - \frac{T}{L}a\sin a = 0 \tag{24}$$

确定 a。

由式(22)所示的单调性，方程(24)在区间 $[0,\alpha]$ 内将只有一个根，其可以简单地由数值方法确定。

由此，k_i 的上界可以通过将 a 代入式(17)获得。结合引理 1，我们得到 k_i 的区间为

$$0 \leqslant k_\mathrm{i} < \frac{a}{KL}\left(\sin a + \frac{T}{L}a\cos a\right) \tag{25}$$

定理 2 可以通过把上式的 a 换成 z 得到。

定理 3：对稳定过程(2-4)，MUDE 闭环控制系统稳定当且仅当 K_e 满足

$$-\frac{1}{T} < K_\mathrm{e} < \frac{1}{L}\alpha\sin\alpha - \frac{1}{T}\cos\alpha \tag{26}$$

其中，α 是如下方程

$$\tan\alpha = -\frac{T}{L}\alpha \tag{27}$$

在区间 $(0,\pi)$ 内的解。

证明：式(2-67)中的传递函数 L_1 在频率 ω 处的幅值 g_1 可以表示为

$$g_1 = \frac{\sqrt{1+T^2\omega^2}}{|K_e T|} \tag{28}$$

下面进行分类讨论。

(1) 当 $|K_e T|<1$ 时，在任何频率点上都存在 $g_1>1$，因此，L_1 和 L_2 不相交，由引理 2 可得系统稳定。

(2) 当 $K_e T>1$ 时，L_1 和 L_2 将在频率点 ω_c 处相交，其中，

$$\omega_c = \frac{\sqrt{K_e^2 T^2 - 1}}{T} \tag{29}$$

因此，在该频率点处，L_1 和 L_2 的相位分别为

$$\varphi_1 = \arctan\left(\sqrt{K_e^2 T^2 - 1}\right) - \pi \tag{30}$$

$$\varphi_2 = -\frac{\tau}{T}\sqrt{K_e^2 T^2 - 1} \tag{31}$$

基于引理 2 的稳定性条件，

$$\varphi_1 - \varphi_2 < 0 \tag{32}$$

注意到，式(32)的左侧关于 K_e 单调递增。因此，K_e 的上界是 $\varphi_1 = \varphi_2$ 的根，略去具体求解过程，可得

$$K_{e\_MAX} = \frac{1}{\tau}\alpha\sin\alpha - \frac{1}{T}\cos\alpha \tag{33}$$

其中，α 即方程(27)的根。

(3) 当 $K_e T<-1$ 时，L_1 和 L_2 也将在频率点式(29)处有一个交点，但有

$$\varphi_1 = \arctan\sqrt{K_e^2 T^2 - 1} > 0 \tag{34}$$

因此稳定性条件式(32)将不能被满足。

综合以上三种情形，可以得到定理 3 的内容。

证毕。

定理 4：假设(1)q 有界，$|q(t)|\leqslant\delta$；(2)$\bar{\boldsymbol{A}}$ 是赫维茨矩阵；(3)存在不

等式 $\sum_{1}^{n-1} a_i\beta_{i-1}+\beta_n\neq 0$；那么MESO的估计误差 $\varepsilon_i(t)$ 有界，也就是，存在常数 $\sigma_i>0$ 和有限的时间 $T_1>0$，使

$$|\varepsilon_i(t)|\leqslant\sigma_i,\quad i=1,2,\cdots,n+1,\forall t\geqslant T_1>0。\tag{35}$$

且存在 $\sigma_i=O\left(\frac{1}{l_{n+1}}\right)$。

证明：解方程(2-96)可得

$$\varepsilon(t)=\mathrm{e}^{\bar{\boldsymbol{A}}t}\varepsilon(0)+\int_0^t \mathrm{e}^{\bar{\boldsymbol{A}}(t-\tau)}\boldsymbol{E}\boldsymbol{q}(\tau)\mathrm{d}\tau \tag{36}$$

令

$$p(t)=\int_0^t \mathrm{e}^{\bar{\boldsymbol{A}}(t-\tau)}\boldsymbol{E}\boldsymbol{q}(\tau)\mathrm{d}\tau \tag{37}$$

对 $i=1,2,\cdots,n+1$，存在

$$|p_i(t)|=\left|\left(\int_0^t \mathrm{e}^{\bar{\boldsymbol{A}}(t-\tau)}\boldsymbol{E}\boldsymbol{q}(\tau)\mathrm{d}\tau\right)_i\right|\leqslant\delta\left|\left(\int_0^t \mathrm{e}^{\bar{\boldsymbol{A}}(t-\tau)}\boldsymbol{E}\mathrm{d}\tau\right)_i\right| \tag{38}$$

由于

$$\int_0^t \mathrm{e}^{\bar{\boldsymbol{A}}(t-\tau)}\boldsymbol{E}\mathrm{d}\tau=\bar{\boldsymbol{A}}^{-1}\mathrm{e}^{\bar{\boldsymbol{A}}(t-\tau)}\Big|_0^t\boldsymbol{E}=\bar{\boldsymbol{A}}^{-1}\boldsymbol{E}-\bar{\boldsymbol{A}}^{-1}\mathrm{e}^{\bar{\boldsymbol{A}}t}\boldsymbol{E} \tag{39}$$

由式(38)得

$$|p_i(t)|\leqslant\delta(|(\bar{\boldsymbol{A}}^{-1}\boldsymbol{E})_i|+|(\bar{\boldsymbol{A}}^{-1}\mathrm{e}^{\bar{\boldsymbol{A}}t}\boldsymbol{E})_i|) \tag{40}$$

对 $\bar{\boldsymbol{A}}$ 进行分块处理，有

$$\bar{\boldsymbol{A}}=\boldsymbol{A}_\mathrm{e}-\boldsymbol{H}\boldsymbol{c}_\mathrm{e}^\mathrm{T}=\left(\begin{array}{c:cccc} -h_1 & 1 & \cdots & & \beta_1\\ \vdots & & \ddots & & \beta_2\\ -h_{n-1} & \vdots & & 1 & \vdots\\ -a_0-h_n & -a_1 & \cdots & -a_{n-1} & \beta_n\\ \hdashline -h_{n+1} & 0 & 0 & \cdots & 0 \end{array}\right)=\left(\begin{array}{c:c} \boldsymbol{\Lambda} & \boldsymbol{\Upsilon}\\ \hdashline -h_{n-1} & 0 \end{array}\right) \tag{41}$$

基于假设条件(3)，$\sum_{i=1}^{n-1}a_i\beta_i+\beta_n\neq 0$ 可得分块矩阵$\boldsymbol{\Upsilon}$ 可逆，因此可得

$$\bar{\boldsymbol{A}}^{-1}=\begin{pmatrix} 0 & -\frac{1}{h_{n+1}}\\ \boldsymbol{\Upsilon}^{-1} & -\frac{1}{h_{n+1}}\boldsymbol{\Upsilon}^{-1}\boldsymbol{\Lambda} \end{pmatrix} \tag{42}$$

令

$$\gamma_{\mathrm{m}}=\max_{i,j}\left|(\boldsymbol{\Upsilon}^{-1})_{ij}\right|,\quad \lambda_{\mathrm{m}}=\max_{i}\left|(\boldsymbol{\Lambda})_{i}\right|,\quad \mathrm{e}^{\bar{\boldsymbol{A}}t}=\begin{pmatrix} g_{11} & \cdots & g_{1,n+1} \\ \vdots & \ddots & \vdots \\ g_{n+1,1} & \cdots & g_{n+1,n+1} \end{pmatrix} \tag{43}$$

由于 $\bar{\boldsymbol{A}}$ 为赫维茨矩阵,因此存在一个有限时间 $T_1>0$,使

$$g_{\mathrm{m}}=\max_{i,j}\left|g_{ij}\right|\leqslant\frac{1}{h_{n+1}} \tag{44}$$

对向量进行分块处理,

$$\mathrm{e}^{\bar{\boldsymbol{A}}t}\boldsymbol{E}=\begin{pmatrix} g_{1,n+1} \\ \vdots \\ g_{n,n+1} \\ \hdashline g_{n+1,n+1} \end{pmatrix}=\begin{pmatrix} \bar{\boldsymbol{g}} \\ \hdashline g_{n+1,n+1} \end{pmatrix} \tag{45}$$

可以得到

$$\bar{\boldsymbol{A}}^{-1}\mathrm{e}^{\bar{\boldsymbol{A}}t}\boldsymbol{E}=\begin{pmatrix} \boldsymbol{0} & -\dfrac{1}{h_{n+1}} \\ \boldsymbol{\Upsilon}^{-1} & -\dfrac{1}{h_{n+1}}\boldsymbol{\Upsilon}^{-1}\boldsymbol{\Lambda} \end{pmatrix}\begin{pmatrix} \bar{\boldsymbol{g}} \\ g_{n+1,n+1} \end{pmatrix}=\begin{pmatrix} -\dfrac{g_{n+1,n+1}}{h_{n+1}} \\ \boldsymbol{\Upsilon}^{-1}\bar{\boldsymbol{g}}-\dfrac{g_{n+1,n+1}}{h_{n+1}}\boldsymbol{\Upsilon}^{-1}\boldsymbol{\Lambda} \end{pmatrix} \tag{46}$$

对 $\forall t\geqslant T_1>0$ 以及 $i=1,2,\cdots,n+1$,依据式(40),式(44)和式(46)可得

$$\begin{aligned} \left|p_i(t)\right| &\leqslant\delta\left(\left|\begin{pmatrix} -\dfrac{1}{h_{n+1}} \\ -\dfrac{1}{h_{n+1}}\boldsymbol{\Upsilon}^{-1}\boldsymbol{\Lambda} \end{pmatrix}_i\right|+\left|\begin{pmatrix} -\dfrac{g_{n+1,n+1}}{h_{n+1}} \\ \boldsymbol{\Upsilon}^{-1}\bar{\boldsymbol{g}}-\dfrac{g_{n+1,n+1}}{h_{n+1}}\boldsymbol{\Upsilon}^{-1}\boldsymbol{\Lambda} \end{pmatrix}_i\right|\right) \\ &\leqslant\delta(v+\mu) \end{aligned} \tag{47}$$

其中,

$$\begin{aligned} v&=\max_{i}\left\{\frac{1}{\left|h_{n+1}\right|},\frac{\left|(\boldsymbol{\Upsilon}^{-1}\boldsymbol{\Lambda})_i\right|}{\left|h_{n+1}\right|}\right\}\leqslant\max\left\{\frac{1}{\left|h_{n+1}\right|},\frac{n\gamma_{\mathrm{m}}\lambda_{\mathrm{m}}}{\left|h_{n+1}\right|}\right\} \\ &=\frac{\eta}{\left|h_{n+1}\right|} \end{aligned} \tag{48}$$

$$\begin{aligned} \mu&=\max_{i}\left\{\frac{\left|g_{n+1,n+1}\right|}{\left|h_{n+1}\right|},\left|(\boldsymbol{\Upsilon}^{-1}\bar{\boldsymbol{g}})_i\right|+\left|\frac{g_{n+1,n+1}}{h_{n+1}}\right|\left|(\boldsymbol{\Upsilon}^{-1}\boldsymbol{\Lambda})_i\right|\right\} \\ &\leqslant g_{\mathrm{m}}\max\left\{\frac{1}{\left|h_{n+1}\right|},n\gamma_{\mathrm{m}}+\frac{n\gamma_{\mathrm{m}}\lambda_{\mathrm{m}}}{\left|h_{n+1}\right|}\right\}\leqslant\frac{\chi}{\left|h_{n+1}\right|} \end{aligned} \tag{49}$$

其中，$\eta=\max\{1,n\gamma_{\mathrm{m}}\lambda_{\mathrm{m}}\}$，$\chi=\max\{1/|h_{n+1}|,n\gamma_{\mathrm{m}}+n\gamma_{\mathrm{m}}\lambda_{\mathrm{m}}/|h_{n+1}|\}$。

对 $\forall t\geqslant T_1>0$ 以及 $i=1,2,\cdots,n+1$，存在

$$|(\mathrm{e}^{\bar{A}t}\varepsilon(0))_i|=\sum_{j=1}^{n+1}|g_{i,j}\varepsilon_j(0)|\leqslant g_{\mathrm{m}}\varepsilon_{\mathrm{sum}}(0)\leqslant\frac{\varepsilon_{\mathrm{sum}}(0)}{|h_{n+1}|}\tag{50}$$

其中，$\varepsilon_{\mathrm{sum}}(0)=\sum_{j=1}^{n+1}|\varepsilon_j(0)|$。

综合式(36)、式(37)、式(47)和式(50)可得，对 $\forall t\geqslant T_1>0$ 以及 $i=1,2,\cdots,n+1$，

$$|\varepsilon_i(t)|\leqslant\frac{1}{|h_{n+1}|}(\varepsilon_{\mathrm{sum}}(0)+\delta\eta+\delta\chi)\triangleq\sigma_i\tag{51}$$

证毕。

定理 5：对不确定真实对象 $G'(s)$ 采用 MESO 补偿后所得的等效对象 $G_{\mathrm{EP}}(s)$ 具有和标称模型 $G(s)$ 相同的静态增益。

证明：由于可观规范形式(2-84)的状态矩阵 $\boldsymbol{A}_{\mathrm{o}}$ 可逆，

$$\boldsymbol{A}_{\mathrm{o}}^{-1}=\begin{bmatrix}-\frac{a_1}{a_0} & -\frac{a_2}{a_0} & \cdots & -\frac{a_{n-1}}{a_0} & -\frac{1}{a_0}\\ 1 & & & & 0\\ & 1 & & & 0\\ & & \ddots & & \vdots\\ & & & 1 & 0\end{bmatrix}\tag{52}$$

那么式(2-84)的静态增益可以表示为

$$G(0)=\boldsymbol{c}_{\mathrm{o}}^{\mathrm{T}}(sI-\boldsymbol{A}_{\mathrm{o}})^{-1}\boldsymbol{B}_{\mathrm{o}}\Big|_{s=0}=\frac{1}{a_0}\Big(\beta_n+\sum_{i=1}^{n-1}a_i\beta_i\Big)\tag{53}$$

基于式(2-98)和式(42)可得

$$\begin{aligned}F_u(0)&=-\boldsymbol{q}(\boldsymbol{A}_{\mathrm{e}}-H\boldsymbol{c}_{\mathrm{e}}^{\mathrm{T}})^{-1}\boldsymbol{B}_{\mathrm{e}}=-\boldsymbol{q}\begin{bmatrix}\boldsymbol{0} & -\frac{1}{h_{n+1}}\\ \boldsymbol{\Upsilon}^{-1} & \frac{1}{h_{n+1}}\boldsymbol{\Upsilon}^{-1}\boldsymbol{\Lambda}\end{bmatrix}\begin{pmatrix}\boldsymbol{B}_{\mathrm{o}}\\ 0\end{pmatrix}\\&=-\boldsymbol{q}\begin{pmatrix}0\\ \boldsymbol{\Upsilon}^{-1}\boldsymbol{B}_{\mathrm{o}}\end{pmatrix}=-\boldsymbol{q}\boldsymbol{\Upsilon}^{-1}\begin{pmatrix}0\\ \boldsymbol{B}_{\mathrm{o}}\end{pmatrix}\end{aligned}\tag{54}$$

注意到 $\boldsymbol{B}_{\mathrm{o}}$ 恰好是矩阵 $\boldsymbol{\Upsilon}$ 的最后一列，因此，

$$F_u(0)=-1\tag{55}$$

令 $\boldsymbol{\Theta}=(0\quad 0\quad\cdots\quad a_0)^{\mathrm{T}}$，基于式(2-99)可得

$$F_y(0) = -q(\boldsymbol{A}_e - H\boldsymbol{c}_e^{\mathrm{T}})^{-1}H = -q\begin{pmatrix} \boldsymbol{0} & -\dfrac{1}{h_{n+1}} \\ \boldsymbol{\Upsilon}^{-1} & \dfrac{1}{h_{n+1}}\boldsymbol{\Upsilon}^{-1}\boldsymbol{\Lambda} \end{pmatrix}\left(\begin{pmatrix} -\boldsymbol{\Lambda} \\ h_{n+1} \end{pmatrix} - \begin{pmatrix} \boldsymbol{\Theta} \\ 0 \end{pmatrix}\right)$$

$$= q\begin{pmatrix} -1 \\ \boldsymbol{\Upsilon}^{-1}\boldsymbol{\Theta} \end{pmatrix} \tag{56}$$

为计算等效对象的增益，需要用到$\boldsymbol{\Upsilon}^{-1}$的 $n \times n$ 元素 λ。为此，首先将$\boldsymbol{\Upsilon}$分块为

$$\boldsymbol{\Upsilon} = \left(\begin{array}{cccc|c} 1 & & & & \beta_1 \\ & \ddots & & & \beta_2 \\ & & & 1 & \vdots \\ \hline -a_1 & \cdots & & -a_{n-1} & \beta_n \end{array}\right) = \left(\begin{array}{c|c} I_{n-1} & \boldsymbol{\Phi} \\ \hline \boldsymbol{\Gamma} & \beta_n \end{array}\right) \tag{57}$$

相应地，将其逆矩阵表示为

$$\boldsymbol{\Upsilon}^{-1} = \begin{pmatrix} \boldsymbol{M} & \boldsymbol{N} \\ \boldsymbol{R} & \boldsymbol{\lambda} \end{pmatrix} \tag{58}$$

将式(57)和式(58)相乘，有

$$\boldsymbol{\Upsilon}\boldsymbol{\Upsilon}^{-1} = \begin{pmatrix} \boldsymbol{M} + \boldsymbol{\Phi}\boldsymbol{R} & \boldsymbol{N} + \boldsymbol{\lambda}\boldsymbol{\Phi} \\ \boldsymbol{\Gamma}\boldsymbol{M} + \beta_n\boldsymbol{R} & \boldsymbol{\Gamma}\boldsymbol{N} + \boldsymbol{\lambda}\beta_n \end{pmatrix} = \begin{pmatrix} I_{n-1} & 0 \\ 0 & 1 \end{pmatrix} \tag{59}$$

显然，

$$\boldsymbol{\lambda} = \frac{1}{\beta_n - \boldsymbol{\Gamma}\boldsymbol{\Phi}} = \frac{1}{\beta_n + \sum_{i=1}^{n-1} a_i\beta_i} \tag{60}$$

由此可得

$$F_y(0) = a_0\boldsymbol{\lambda} = \frac{a_0}{\beta_n + \sum_{i=1}^{n-1} a_i\beta_i} \tag{61}$$

因此，可得等效对象的稳态增益为

$$G_{\mathrm{EP}}(0) = \frac{G'(0)}{1 + F_u(0) + G'(0)F_y(0)} = \frac{1}{a_0}\left(\beta_n + \sum_{i=1}^{n-1} a_i\beta_i\right) \equiv G(0) \tag{62}$$

证毕。

参考文献

[1] 江泽民. 对中国能源问题的思考[J]. 上海交通大学学报,2008,42(3): 345-359.

[2] 崔民选,王军生. 2013 能源蓝皮书——中国能源发展报告(2013)[M]. 北京: 社科文献出版社,2013.

[3] 顾燕萍. 基于支持向量机的电站锅炉燃烧优化控制研究[D]. 北京: 清华大学,2012.

[4] CHEN P-C,SHAMMA J S. Gain-scheduled $l(1)$-optimal control for boiler-turbine dynamics with actuator saturation[J]. Journal of Process Control,2004,14(3): 263-277.

[5] FANG F, WEI L. Backstepping-based nonlinear adaptive control for coal-fired utility boiler-turbine units [J]. Applied Energy,2011,88(3): 814-24.

[6] JALALI A A, GOLMOHAMMAD H. An optimal multiple-model strategy to design a controller for nonlinear processes: A boiler-turbine unit [J]. Computers and chemical engineering,2012,46: 48-58.

[7] WU J,NGUANG S,SHEN J,et al. Robust H_∞ tracking control of boiler-turbine systems[J]. ISA Transactions,2010,49(3): 369-375.

[8] WANG Y,YU X. New coordinated control design for thermal-power-generation units[J]. IEEE Transactions on Industrial Electronics,2010,57(11): 3848-3856.

[9] MORADI H,BAKHTIARI-NEJAD F. Improving boiler unit performance using an optimum robust minimum-order observer [J]. Energy Conversion and Management,2011,52(3): 1728-1740.

[10] GHABRAEI S, MORADI H, VOSSOUGHI G. Multivariable robust adaptive sliding mode control of an industrial boiler-turbine in the presence of modeling imprecisions and external disturbances: A comparison with type-I servo controller[J]. ISA Transactions,2015,58: 398-408.

[11] MORADI H,BAKHTIARI-NEJAD F,SAFFAR-AVVAL M. Robust control of an industrial boiler system; a comparison between two approaches: Sliding mode control and H_∞ technique[J]. Energy Conversion and Management,2009,50(6): 1401-1410.

[12] LIU X,GUAN P,CHAN C W. Nonlinear multivariable power plant coordinate control by constrained predictive scheme[J]. IEEE Transactions on Control Systems Technology,2009,18(5): 1116-1125.

[13] LI Y,SHEN J,LEE K Y,et al. Offset-free fuzzy model predictive control of a boiler-turbine system based on genetic algorithm[J]. Simulation Modelling Practice and Theory,2012,26: 77-95.

[14] WU X,SHEN J,LI Y,et al. Data-driven modeling and predictive control for boiler-turbine unit[J]. IEEE Transactions on Energy Conversion,2013,28(3): 470-481.

[15] CHAN K H,DOZAL-MEJORADA E J,CHENG X,et al. Predictive control with adaptive model maintenance: Application to power plants[J]. Computers and Chemical Engineering,2014,70: 91-103.

[16] WU X,SHEN J,LI Y,et al. Hierarchical optimization of boiler-turbine unit using fuzzy stable model predictive control[J]. Control Engineering Practice,2014,30: 112-123.

[17] SARAILOO M,RAHMANI Z,REZAIE B. Fuzzy predictive control of a boiler-turbine system based on a hybrid model system[J]. Industrial and Engineering Chemistry Research,2014,53(6): 2362-2381.

[18] WU X,SHEN J,LI Y,et al. Fuzzy modeling and stable model predictive tracking control of large-scale power plants[J]. Journal of Process Control,2014,24(10): 1609-1626.

[19] WU X,SHEN J,LI Y,et al. Data-driven modeling and predictive control for boiler-turbine unit using fuzzy clustering and subspace methods[J]. ISA Transactions,2014,53(3): 699-708.

[20] DIMEO R,LEE K Y. Boiler-turbine control system design using a genetic algorithm[J]. IEEE Transactions on Energy Conversion,1995,10(4): 752-759.

[21] KUSIAK A,SONG Z. Clustering-based performance optimization of the boiler-turbine system[J]. IEEE Transactions on Energy Conversion,2008,23(2): 651-658.

[22] LIU X,KONG X. Nonlinear fuzzy model predictive iterative learning control for drum-type boiler-turbine system[J]. Journal of Process Control,2013,23(8): 1023-1040.

[23] GARDUNO-RAMIREZ R,LEE K Y. Compensation of control-loop interaction for power plant wide-range operation[J]. Control Engineering Practice,2005,13(12): 1475-1487.

[24] ODGAARD P F,MATAJI B. Observer-based fault detection and moisture estimating in coal mills[J]. Control Engineering Practice,2008,16(8): 909-921.

[25] CORTINOVIS A,MERCANGOEZ M,MATHUR T,et al. Nonlinear coal mill modeling and its application to model predictive control[J]. Control Engineering Practice,2013,21(3): 308-320.

[26] MOHAMED O,WANG J,AL-DURI B,et al. Predictive control of coal mills for

improving supercritical power generation process dynamic responses[C]//2012 IEEE 51st IEEE Conference on Decision and Control(CDC). Piscataway: IEEE Press,2012: 1709-1714.

[27] PRADEEBHA P,PAPPA N,VASANTHI D. Modeling and Control of Coal Mill [J]. IFAC Proceedings Volumes,2013,46(32): 797-802.

[28] NIEMCZYK P,BENDTSEN J D,RAVN A P,et al. Derivation and validation of a coal mill model for control[J]. Control Engineering Practice, 2012, 20(5): 519-530.

[29] LIU X, BANSAL R C. Optimizing combustion process by adaptive tuning technology based on integrated genetic algorithm and computational fluid dynamics[J]. Energy Conversion and Management,2012,56: 53-62.

[30] BHOWMICK M,BERA S C. An approach to optimum combustion control using parallel type and cross-limiting type technique[J]. Journal of Process Control, 2012,22(1): 330-337.

[31] HAVLENA V,FINDEJS J. Application of model predictive control to advanced combustion control[J]. Control Engineering Practice,2005,13(6): 671-680.

[32] 赵慧荣,沈炯,沈德明,等.主汽温多模型扰动抑制预测控制方法[J].中国电机工程学报,2014,34(32): 5763-5770.

[33] 刘志远,吕剑虹,陈来九.基于神经网络在线学习的过热气温自适应控制系统[J].中国电机工程学报,2004,24(4): 179-183.

[34] 胡一倩,吕剑虹,张铁军.一类自适应模糊控制方法研究及在锅炉汽温控制中的应用[J].中国电机工程学报,2003,23(1): 136-140.

[35] ZHANG J,ZHANG F, REN M, et al. Cascade control of superheated steam temperature with neuro-PID controller[J]. ISA Transactions, 2012, 51(6): 778-785.

[36] ZHANG T, FENG G, LU J, et al. Robust constrained fuzzy affine model predictive control with application to a fluidized bed combustion plant[J]. IEEE Transactions on Control Systems Technology,2008,16(5): 1047-1056.

[37] NIVA L,IKONEN E, KOVÁCS J. Self-optimizing control structure design in oxy-fuel circulating fluidized bed combustion [J]. International Journal of Greenhouse Gas Control,2015,43: 93-107.

[38] OZDEMIR K,HEPBASLI A,ESKIN N. Exergoeconomic analysis of a fluidized-bed coal combustor(FBCC)steam power plant[J]. Applied Thermal Engineering, 2010,30(13): 1621-1631.

[39] AYGUN H,DEMIREL H,CERNAT M. Control of the bed temperature of a circulating fluidized bed boiler by using particle swarm optimization[J]. Advances in Electrical and Computer Engineering,2012,12(2): 27-32.

[40] HADAVAND A,JALALI A A,FAMOURI P. An innovative bed temperature-

oriented modeling and robust control of a circulating fluidized bed combustor[J]. Chemical Engineering Journal,2008,140(1-3): 497-508.

[41] LEIMBACH R. Intelligent control of FBC boilers[J]. Power, 2012, 156(4): 48-51.

[42] ĆOJBAŠIĆ Ž M,NIKOLIĆ V D, ĆIRIĆ I T, et al. Computationally intelligent modeling and control of fluidized bed combustion process[J]. Thermal Science, 2011,15(2): 321-338.

[43] SUN L,PAN L,SHEN J. Multivariable coordinated control method of FBC boiler based on LSSVM-GPC[J]. Journal of Southeast University (Natural Science Edition),2013(2): 18.

[44] BROCKETT R. New issues in the mathematics of control[M]//Mathematics unlimited—2001 and beyond. Berlin: Springer,2001: 189-219.

[45] TSIEN H S. Engineering cybernetics [M]. New York: McGraw-Hill,1954.

[46] ÅSTRÖM K J,KUMAR P R. Control: A perspective[J]. Automatica, 2014, 50(1): 3-43.

[47] ÅSTRÖM K J,Wittenmark B. On self tuning regulators[J]. Automatica,1973, 9(2): 185-199.

[48] ROHRS C,VALAVANI L,ATHANS M,et al. Robustness of continuous-time adaptive control algorithms in the presence of unmodeled dynamics[J]. IEEE Transactions on Automatic Control,1985,30(9): 881-889.

[49] ZAMES G. Feedback and optimal sensitivity: Model reference transformations, multiplicative seminorms, and approximate inverses[J]. IEEE Transactions on Automatic Control,1981,26(2): 301-320.

[50] DOYLE J,GLOVER K, KHARGONEKAR P, et al. State-space solutions to standard H_2 and H_∞ control problems[C]//1988 American Control Conference. Piscataway: IEEE Press,1988: 1691-1696.

[51] PACKARD A, DOYLE J. The complex structured singular value [J]. Automatica,1993,29(1): 71-109.

[52] ASTROM K J,HAGGLUND T. Advanced PID Control,ISA—The Instrumentation, Systems and Automation Society[J]. Research Triangle Park,2006.

[53] SHINSKEY,F G Process control systems[M]. 4th ed. New York: McGraw-Hill, 1996: 130-139.

[54] SHINSKEY F G. Process control: As taught vs as practiced[J]. Industrial and Engineering Chemistry Research,2002,41(16): 3745-3750.

[55] HOROWITZ I M. Synthesis oj Feedback Systems[M]. Salt Lake City: American Academic Press,1963.

[56] ARAKI M. PID control system with reference feedforward (PID-FF control system) [C]//Proceedings 23rd SICE (Society of Instrument and Control

Engineers) Annual Conference. [S. l. : s. n.], 1984: 31-32.

[57] ARAKI M. On two-degree-of-freedom PID control system[J]. SICE Research Committee on Modeling and Control Design of Real Systems, 1984.

[58] ARAKI M. Two-degree-of-freedom control system: Part I[J]. Systems and Control, 1985, 29: 649-656.

[59] ARAKI M, TAGUCHI H. Two-degree-of-freedom PID controllers [J]. International Journal of Control, Automation, and Systems, 2003, 1(4): 401-411.

[60] GOREZ R. New design relations for 2-DOF PID-like control systems [J]. Automatica, 2003, 39(5): 901-908.

[61] ALFARO V M, VILANOVA R. Model-reference robust tuning of 2DoF PI controllers for first-and second-order plus dead-time controlled processes[J]. Journal of Process Control, 2012, 22(2): 359-374.

[62] ALFARO V M, VILANOVA R. Robust tuning and performance analysis of 2DoF PI controllers for integrating controlled processes [J]. Industrial and Engineering Chemistry Research, 2012, 51(40): 13182-13194.

[63] ALFARO V M, VILANOVA R. Robust tuning of 2DoF five-parameter PID controllers for inverse response controlled processes[J]. Journal of Process Control, 2013, 23(4): 453-462.

[64] ALFARO V M, VILANOVA R. Performance and robustness considerations for tuning of proportional integral/proportional integral derivative controllers with two input filters[J]. Industrial and Engineering Chemistry Research, 2013, 52(51): 18287-18302.

[65] JIN Q B, LIU Q. Analytical IMC-PID design in terms of performance/robustness tradeoff for integrating processes: From 2-Dof to 1-Dof[J]. Journal of Process Control, 2014, 24(3): 22-32.

[66] OHISHI K. Torque-speed regulation of DC motor based on load torque estimation[C]//IEEJ International Power Electronics Conference. [S. l. : s. n.], 1983, 2: 1209-1216.

[67] OHISHI K, NAKAO M, OHNISHI K, et al. Microprocessor-controlled DC motor for load-insensitive position servo system[J]. IEEE Transactions on Industrial Electronics, 1987(1): 44-49.

[68] UMENO T, HORI Y. Robust speed control of DC servomotors using modern two degrees-of-freedom controller design [J]. IEEE Transactions on Industrial Electronics, 1991, 38(5): 363-368.

[69] ZHU H D, ZHANG G H, SHAO H H. Control of the process with inverse response and dead-time based on disturbance observer[C]//Proceedings of the 2005, American Control Conference, 2005. Piscataway: IEEE Press, 2005: 4826-4831.

[70] WANG L, SU J. Disturbance rejection control for non-minimum phase systems with optimal disturbance observer[J]. ISA Transactions, 2015, 57: 1-9.

[71] HONG K, NAM K. A load torque compensation scheme under the speed measurement delay[J]. IEEE Transactions on Industrial Electronics, 1998, 45(2): 283-290.

[72] ZHOU P, CHAI T Y, ZHAO J H. DOB design for nonminimum-phase delay systems and its application in multivariable MPC control[J]. IEEE Transactions on Circuits and Systems II: Express Briefs, 2012, 59(8): 525-529.

[73] CHEN X S, YANG J, LI S H, et al. Disturbance observer based multi-variable control of ball mill grinding circuits[J]. Journal of Process Control, 2009, 19(7): 1205-1213.

[74] LI S, QIU J, JI H, et al. Piezoelectric vibration control for all-clamped panel using DOB-based optimal control[J]. Mechatronics, 2011, 21(7): 1213-1221.

[75] LIU C, CHEN W H, ANDREWS J. Tracking control of small-scale helicopters using explicit nonlinear MPC augmented with disturbance observers[J]. Control Engineering Practice, 2012, 20(3): 258-268.

[76] 韩京清. 控制理论——模型论还是控制论[J]. 系统科学与数学, 1989(4): 328-335.

[77] 韩京清. 一类不确定对象的扩张状态观测器[J]. 控制与决策, 1995, 10(1): 85-88.

[78] 韩京清. 自抗扰控制器及其应用[J]. 控制与决策, 1998, 13(1): 19-23.

[79] HAN J. From PID to active disturbance rejection control[J]. IEEE Transactions on Industrial Electronics, 2009, 56(3): 900-906.

[80] GAO Z. Scaling and bandwidth-parameterization based controller tuning[C]// Proceedings of the American Control Conference. [S. l.: s. n.], 2006, 6: 4989-4996.

[81] LI S, LI J, MO Y. Piezoelectric multimode vibration control for stiffened plate using ADRC-based acceleration compensation [J]. IEEE Transactions on Industrial Electronics, 2014, 61(12): 6892-6902.

[82] ZHENG Q, DONG L, LEE D H, et al. Active disturbance rejection control for MEMS gyroscopes[C]//2008 American Control Conference. Piscataway: IEEE Press, 2008: 4425-4430.

[83] XUE W, BAI W, YANG S, et al. ADRC with adaptive extended state observer and its application to air-fuel ratio control in gasoline engines[J]. IEEE Transactions on Industrial Electronics, Yokohama, 2015, 62(9): 5847-5857.

[84] 高志强. 自抗扰控制思想探究[J]. 控制理论与应用, 2013, 30(12): 1498-1510.

[85] ZHENG Q, GAO L Q, GAO Z. On stability analysis of active disturbance rejection control for nonlinear time-varying plants with unknown dynamics[C]//

2007 46th IEEE conference on decision and control. Piscataway: IEEE Press, 2007: 3501-3506.

[86] GUO B Z, ZHAO Z L. On the convergence of an extended state observer for nonlinear systems with uncertainty[J]. Systems and Control Letters, 2011, 60(6): 420-430.

[87] GUO B Z, ZHAO Z L. On convergence of the nonlinear active disturbance rejection control for MIMO systems [J]. SIAM Journal on Control and Optimization, 2013, 51(2): 1727-1757.

[88] LI J, XIA Y, QI X, et al. Absolute stability analysis of non-linear active disturbance rejection control for single-input-single-output systems via the circle criterion method [J]. IET Control Theory & Applications, 2015, 9 (15): 2320-2329.

[89] TIAN G, GAO Z. Frequency response analysis of active disturbance rejection based control system [C]//2007 IEEE International Conference on Control Applications. Piscataway: IEEE Press, 2007: 1595-1599.

[90] GAO Z. Active disturbance rejection control: a paradigm shift in feedback control system design[C]//2006 American Control Conference. Piscataway: IEEE Press, 2006: 7.

[91] ZHONG Q C, REES D. Control of uncertain LTI systems based on an uncertainty and disturbance estimator[J]. Journal of Dynamic Systems, Measurement, and Control 2004, 126(4): 905-910.

[92] ZHONG Q C, KUPERMAN A, STOBART R K. Design of UDE-based controllers from their two-degree-of-freedom nature[J]. International Journal of Robust and Nonlinear Control, 2011, 21(17): 1994-2008.

[93] SANZ R, GARCIA P, ZHONG Q C, et al. Robust control of quadrotors based on an uncertainty and disturbance estimator [J]. Journal of Dynamic Systems, Measurement, and Control, 2016, 138(7).

[94] REN B, ZHONG Q C, CHEN J. Robust control for a class of nonaffine nonlinear systems based on the uncertainty and disturbance estimator [J]. IEEE Transactions on Industrial Electronics, 2015, 62(9): 5881-5888.

[95] ZHU B, LIU H H T, LI Z. Robust distributed attitude synchronization of multiple three-DOF experimental helicopters[J]. Control Engineering Practice, 2015, 36: 87-99.

[96] XIAO L. Aeroengine multivariable nonlinear tracking control based on uncertainty and disturbance estimator [J]. Journal of Engineering for Gas Turbines and Power, 2014, 136(12).

[97] 郭宝珠. 月明图们忆先生[J]. 系统与控制纵横, 2014, 1(2): 58-63.

[98] KOENIG D, MAMMAR S. Design of proportional-integral observer for unknown

input descriptor systems[J]. IEEE Transactions on Automatic Control, 2002, 47(12): 2057-2062.

[99] SHE J H, FANG M, OHYAMA Y, et al. Improving disturbance-rejection performance based on an equivalent-input-disturbance approach [J]. IEEE Transactions on Industrial Electronics, 2008, 55(1): 380-389.

[100] FLIESS M, JOIN C. Model-free control[J]. International Journal of Control, 2013, 86(12): 2228-2252.

[101] DONG L. Disturbance estimation and mitigation: Special issue editor's note[J]. ISA Transactions, 2014, 4(53): 845.

[102] CHEN W H, YANG J, GUO L, et al. Disturbance-observer-based control and related methods—An overview[J]. IEEE Transactions on Industrial Electronics, 2015, 63(2): 1083-1095.

[103] GAO Z. On the centrality of disturbance rejection in automatic control[J]. ISA Transactions, 2014, 53(4): 850-857.

[104] ÅSTRÖM K J, PANAGOPOULOS H, HÄGGLUND T. Design of PI controllers based on non-convex optimization[J]. Automatica, 1998, 34(5): 585-601.

[105] ÅSTRÖM K J, HÄGGLUND T. Revisiting the Ziegler-Nichols step response method for PID control[J]. Journal of Process Control, 2004, 14(6): 635-650.

[106] 韩京清. 自抗扰控制技术：估计补偿不确定因素的控制技术[M]. 北京：国防工业出版社，2008.

[107] ZHAO S, GAO Z. Modified active disturbance rejection control for time-delay systems[J]. ISA Transactions, 2014, 53(4): 882-888.

[108] ZHAO S, GAO Z. Active disturbance rejection control for non-minimum phase systems[C]//Proceedings of The 29th Chinese Control Conference. Piscataway: IEEE Press, 2010: 6066-6070.

[109] 刘翔. 自抗扰控制及其在发电机组控制中的应用[D]. 北京：清华大学，2001.

[110] 陈星. 自抗扰控制器参数整定方法及其在热工过程中的应用[D]. 北京：清华大学，2008.

[111] 董君伊. 基于逆解耦的多变量热工过程自抗扰控制研究[D]. 北京：清华大学，2014.

[112] ÅSTRÖM K J, HÄGGLUND T. The future of PID control [J]. Control Engineering Practice, 2001, 9(11): 1163-1175.

[113] ZIEGLER J G, NICHOLS N B. Optimum settings for automatic controllers[J]. Transactions ASME, 1942, 64(11).

[114] HO W K, HANG C C, CAO L S. Tuning of PID controllers based on gain and phase margin specifications[J]. Automatica, 1995, 31(3): 497-502.

[115] SKOGESTAD S. Simple analytic rules for model reduction and PID controller

tuning[J]. Journal of Process Control,2003,13(4): 291-309.

[116] ALFARO V M, VILANOVA R. Model-reference robust tuning of 2DoF PI controllers for first-and second-order plus dead-time controlled processes[J]. Journal of Process Control,2012,22(2): 359-374.

[117] DORMIDO S. Advanced PID Control-[Book Review][J]. IEEE Control Systems Magazine,2006,26(1): 98-101.

[118] SKOGESTAD S, POSTLETHWAITE I. Multivariable feedback control: analysis and design[M]. New York: Wiley,2007.

[119] SILVA G J, DATTA A, BHATTACHARYYA S P. New results on the synthesis of PID controllers[J]. IEEE Transactions on Automatic Control,2002, 47(2): 241-252.

[120] SILVA G J,DATTA A,BHATTACHARYYA S P. PID controllers for time-delay systems [M]. Berlin, Heidelberg: Springer Science and Business Media,2007.

[121] JIN Q B, LIU Q. IMC-PID design based on model matching approach and closed-loop shaping[J]. ISA Transactions,2014,53(2): 462-473.

[122] SUN L,LI D,LEE K Y. Optimal disturbance rejection for PI controller with constraints on relative delay margin[J]. ISA Transactions,2016,63: 103-111.

[123] 张玉琼. 大型火电机组热力过程低阶自抗扰控制[D]. 北京: 清华大学,2016.

[124] ZHONG Q C. Robust stability analysis of simple systems controlled over communication networks[J]. Automatica,2003,39(7): 1309-1312.

[125] NORMEY-RICO J E,CAMACHO E F. Unified approach for robust dead-time compensator design[J]. Journal of Process Control,2009,19(1): 38-47.

[126] NORMEY-RICO J E,SARTORI R,VERONESI M,et al. An automatic tuning methodology for a unified dead-time compensator [J]. Control Engineering Practice,2014,27: 11-22.

[127] RAO A S,RAO V S R, CHIDAMBARAM M. Simple analytical design of modified Smith predictor with improved performance for unstable first-order plus time delay(FOPTD) processes[J]. Industrial and Engineering Chemistry Research,2007,46(13): 4561-4571.

[128] QIU L,DAVISON E J. Performance limitations of non-minimum phase systems in the servomechanism problem[J]. Automatica,1993,29(2): 337-349.

[129] HAVRE K,SKOGESTAD S. Achievable performance of multivariable systems with unstable zeros and poles[J]. International Journal of Control,2001,74(11): 1131-1139.

[130] MORARI M,ZAFIRIOU E. Robust process control[M]. Upper Saddle River: Prentice Hall,1989.

[131] WANG L,SU J. Disturbance rejection control for non-minimum phase systems

with optimal disturbance observer[J]. ISA Transactions,2015,57: 1-9.

[132] ZHAO S,GAO Z. Active disturbance rejection control for non-minimum phase systems [C]// Proceedings of the 29th Chinese Control Conference. Piscataway: IEEE Press,2010: 6066-6070.

[133] ZHAO S, XUE W, GAO Z. Achieving minimum settling time subject to undershoot constraint in systems with one or two real right half plane zeros[J]. Journal of Dynamic Systems,Measurement,and Control,2013,135(3).

[134] SUN L,LI D,GAO Z,et al. Combined feedforward and model-assisted active disturbance rejection control for non-minimum phase system [J]. ISA Transactions,2016,64: 24-33.

[135] ZHAO Z L,GUO B Z. On active disturbance rejection control for nonlinear systems using time-varying gain[J]. European Journal of Control, 2015, 23: 62-70.

[136] IKONEN E,NAJIM K. Advanced process identification and control[M]. Boca Raton: CRC Press,2001.

[137] SUN L,LI D,LEE K Y. Enhanced decentralized PI control for fluidized bed combustor via advanced disturbance observer[J]. Control Engineering Practice, 2015,42: 128-139.

[138] SUN L,LI D, LEE K Y. On performance recovery and bumpless switch of disturbance observer based control [C]//2015 15th International Conference on Control, Automation and Systems (ICCAS). Piscataway: IEEE Press, 2015: 1042-1045.

[139] SUN L,DONG J,LI D,et al. A practical multivariable control approach based on inverted decoupling and decentralized active disturbance rejection control[J]. Industrial and Engineering Chemistry Research,2016,55(7): 2008-2019.

[140] BRISTOL E H. RGA 1977: Dynamic effects of interaction[C]//1977 IEEE Conference on Decision and Control including the 16th Symposium on Adaptive Processes and A Special Symposium on Fuzzy Set Theory and Applications. Piscataway: IEEE Press,1977: 1096-1100.

在学期间发表的学术论文

[1] **Sun L**, Li D, Zhong Q C, et al. Control of a class of industrial processes with time delay based on a modified uncertainty and disturbance estimator [J]. IEEE Transactions on Industrial Electronics, 2016, 63(11): 7018-7028. (SCI 源刊, IF: 6.383.)

[2] **Sun L**, Li D, Gao Z, et al. Combined feedforward and model-assisted active disturbance rejection control for non-minimum phase system [J]. ISA Transactions, 2016, 64: 24-33. (SCI 源刊, IF: 2.600.)

[3] **Sun L**, Li D, Lee K Y. Optimal disturbance rejection for PI controller with constraints on relative delay margin[J]. ISA Transactions, 2016, 63: 103-111. (SCI 检索, WOS: 000381164700012, IF: 2.600.)

[4] **Sun L**, Li D, Lee K Y, et al. Control-oriented modeling and analysis of direct energy balance incoal-firedboiler-turbineunit[J]. Control Engineering Practice, 2016, 55: 38-55. (SCI 检索, WOS: 000382802900004, IF: 1.83.)

[5] **Sun L**, Li D, Hu K, et al. On tuning and practical implementation of active disturbance rejection controller: A case study from a regenerative heater in a 1000 MW power plant [J]. Industrial and Engineering Chemistry Research, 2016, 55(23): 6686-6695. (SCI 检索, WOS: 000378194200015, IF: 2.567.)

[6] **Sun L**, Dong J, Li D, et al. A practical multivariable control approach based on inverted decoupling and decentralized active disturbance rejection control [J]. Industrial and Engineering Chemistry Research, 2016, 55(7): 2008-2019. (SCI 检索, WOS: 000371104300020, IF: 2.567.)

[7] **Sun L**, Li D, Lee K Y. Enhanced decentralized PI control for fluidized bed combustor via advanced disturbance observer[J]. Control Engineering Practice, 2015, 42: 128-139. (SCI 检索, WOS: 000358806700012, IF: 1.83.)

[8] **孙立**, 董君伊, 李东海, 等. 基于扩张状态观测器的汽轮机功频电液串级控制[J]. 中国电机工程学报, 2015, 35(7): 1697-1703. (EI 检索, 检索号: 20151600765049)

[9] **孙立**, 董君伊, 李东海. 基于果蝇算法的过热汽温自抗扰优化控制[J]. 清华大学学报(自然科学版), 2014, 54(10): 1288-1292. (EI 检索, 检索号: 20151200672540.)

[10] **孙立**, 潘蕾, 沈炯. 基于 LSSVM-GPC 的流化床锅炉多变量协调控制方法[J]. 东南大学学报: 自然科学版, 2013, 43(2): 312-316.

[11] **Sun L**, Li D, Sun Y, et al. Disturbance rejection of superheated steam temperature

in a utility boiler: A cascaded disturbance observer based control solution[C]// 2016 16th International Conference on Control, Automation and Systems (ICCAS). Piscataway: IEEE Press,2016: 1278-1281.

[12] **Sun L**,Zhang Y,Li D,et al. UDE-based 2-DOF control design for input/output delay system[C]//2015 American Control Conference(ACC). Piscataway: IEEE Press,2015: 3974-3979.(ISTP 检索会议,检索号: WOS: 000370259204012.)

[13] **Sun L**,Dong J,Li D,et al. DEB-oriented modelling and control of coal-fired power plant[C]//Proceedings IFAC World Congress[S. l. : s. n.],2014,19(1): 413-418.(EI 检索会议,检索号: 20152200886572.)

[14] **Sun L**,Li D,Dong J. Probability-based robust optimal PI control for shell gasifier in IGCC power plants[C]//2013 13th International Conference on Control, Automation and Systems(ICCAS 2013). Piscataway: IEEE Press,2013: 333-337.(ISTP 检索会议,检索号: WOS: 000347178200066.)

[15] Dong J,**Sun L**,Li D,et al. Inverted decoupling based active disturbance rejection control for multivariable systems[C]//2015 54th IEEE Conference on Decision and Control(CDC). Piscataway: IEEE Press,2015: 7353-7358.

[16] **Sun L**,Li D,Zhu M. Active disturbance rejection control for structural vibration [C]//2014 14th International Conference on Control,Automation and Systems (ICCAS 2014). Piscataway: IEEE Press,2014: 402-406.

[17] 董君伊,**孙立**,李东海. 球磨机制粉系统的线性自抗扰控制[J]. 工程科学学报,2015,37(4): 509-516.

[18] 董君伊,**孙立**,李东海. 火电单元机组机炉协调柔性自抗扰控制[J]. 中南大学学报(自然科学版),2015,46: 3504.

致　谢

本书是在导师李东海副教授的悉心指导下完成的。论文完成的每一步，都倾注了导师的大量心血。在论文研究初期，导师对作者的课题选择和科研方法进行了精益求精的指导。在论文的理论研究阶段，导师针对相关基础科学问题和作者进行了数百次的细致讨论。导师对不确定性、时滞、非最小相位和多变量过程的多年经验和深刻见解使作者得以高效地提出和解决问题，并最终形成了本书第 2 章的系统性理论研究结果。在论文研究的应用部分，导师积极鼓励作者到热工现场进行试验研究，并努力帮助作者创造了一系列试验机会和条件。最终，本书第 3 章和第 4 章通过实际应用验证了理论研究的可行性和正确性。另外，导师还十分重视对学生科技写作和论文发表的锻炼，经常以艺术品的规范来要求学生的每一篇投稿论文。在博士研究的中后期阶段，导师经常鼓励作者与同行进行交流，创造多种条件让作者能够赴南非、日本、美国及韩国等多个国家参加国际会议，向同行专家介绍研究成果。在导师的鼓励下，作者还赴美国贝勒大学进行了一年的访问研究，极大地提高了作者的眼界和研究能力。

导师宽广博大的胸怀、严谨求实的态度、虚怀若谷的品质以及对学生的真挚关心将使作者终身受益。

感谢美国贝勒大学的 Kwang Y. Lee 教授在作者访学期间的关心和指导。Lee 教授丰富的英文论文写作经验极大地提升了作者的英文能力。另外，Lee 教授对作者在美国的生活也给予了很多帮助。在 Lee 教授课题组学习研究的这一年，是作者的珍贵回忆。另外，还要特别感谢清华大学能源与动力工程系的薛亚丽副研究员和周怀春教授，美国克利夫兰州立大学的高志强教授和伊利诺伊理工学院的钟庆昌教授，他们都对作者的研究给予了很大的鼓励和耐心的指导。

感谢广东电网公司电力科学研究院热工所的陈世和所长、潘凤萍博士、朱亚青高级工程师和胡康涛专责以及课题组孙立明师兄等对作者在现场试验和调试的支持。没有各位专家的帮助，作者不可能完成这些试验。

感谢课题组同窗董君伊硕士。作者与董君伊同学在入学前两年有很多有益的讨论，对后期的研究和论文发表具有很大的裨益。也感谢课题组张玉琼、赵春哲、马克西姆、刘倩、徐倩茹、何婷和吴振龙等同学的帮助。

最后要感谢远在家乡的父母，谁言寸草心，报得三春晖。没有他们二十多年来的辛勤劳动和默默支持，作者不可能考入大学并获得博士学位。

孙　立

2021年3月